제주 카페 여행

낭만과 달콤한 휴식으로의 초대

제주 카페 여행

지은이 문신희·빈중권·이다혜·정용혁

초판 1쇄 발행일 2022년 12월 15일

기획 및 발행 유명종
편집 이지혜
디자인 김효진
조판 신우인쇄
용지 에스에이치페이퍼
인쇄 신우인쇄

발행처 디스커버리미디어
출판등록 제 2021-000025(2004. 02. 11)
주소 서울시 은평구 진관4로 107, 619-201
전화 02-587-5558

ISBN 979-11-88829-31-6 13980

*사진 및 자료를 제공해준 제주특별자치도청과 제주관광공사, 강경필·문신기·송인희 작가님께 감사
편집상 크게 사용한 사진에만 저작권을 표기했음을 밝힙니다.

제주 카페 여행

낭만과 달콤한 휴식으로의 초대

문신희·빈중권·이다혜·정용혁 지음

디스커버리미디어

지은이의 말

휴식과 낭만의 공간으로 초대합니다!

얼마 전, 우리나라에서 내로라 하는 빅데이터 전문가의 강연을 들었습니다. 이 전문가는 '제주'라는 키워드로 SNS상에 언급되는 데이터를 분석한 결과를 설명해주었습니다. 그에 따르면 2010년대 초반까지만 해도 제주와 같이 많이 언급된 단어들은 감귤, 해수욕장, 한라산, 유채꽃과 같은 것들이었습니다. 반면, 최근에는 맛집, 카페, 성지와 같은 단어들이 주로 언급된다고 합니다. 제주의 대표 이미지가 점점 변해가고 있는 것이지요.

어린 시절, 제주도는 대표적인 신혼여행지였습니다. 수많은 신혼부부가 제주를 찾았고, 제주에서는 개인택시 영업이 성행했습니다. 택시기사들이 신혼부부들을 태우고 여러 관광지와 식당을 소개하고, 사진까지 찍어주는 역할을 했습니다. 그러다 소득수준이 높아지고 해외여행이 자유롭게 되자 사람들은 해외로 신혼여행을 떠나기 시작했습니다. 대신 제주는 중고등학생들의 수학 여행지가 되었습니다. 일년에 수십만 명의 학생이 제주를 찾았습니다. 전세 버스가 제주의 길거리를 누비고 다니던 시절이었습니다. 단체 관광객을 맞이하던 대형 식당들이 성행했습니다. 세월호 사건이 터지자 학생들은 더는 제주를 찾지 않았습니다. 그 자리를 채운 것은 중국인이었습니다. 중국인 관광객이 몰려다니며 사진을 찍었습니다. 기념품점, 면세점 등에서 싹쓸이 쇼핑을 했습니다. 중국 정부의 한국 여행 통제나 코로나 사태가 아니었으면 여전히 우리는 그들과 함께 길거리를 누비고 있을지도 모릅니다.

사회적 거리 두기가 완화된 2022년 다시 제주는 사람들로 북적이고 있습니다. 그들은 신혼여행 부부도 아니고, 학생들도 아니며, 중국인들도 아닙니다. 연인, 가족, 친구들끼리 삼삼오오 제주를 찾습니다. 대형 버스가 아닌 렌터카를 타고, 대형 식당 대신 현지인 맛집을 찾아다니며, 호텔 조식이 아니라 펜션 근처에 있는 브런치 카페를 찾습니다. 낮에는 올레길을 걸으며 인생 샷을 찍고, SNS에 올립니다. 카페와 베이커리 투어는 여행의 주목적이 되었습니다. 너도나도 다 아는 그런 곳이 아닌, 현지인들과 나만 아는 그런 카페를 찾습니다. 어떤 카페와 베이커리는 이미 성지순례지가 되었습니다.

<제주 카페 여행>은 제주 토박이 작가와 이주민 작가가 합심하여 만들었습니다. 제주 전역을 다니며 최고의 카페들만 취재했습니다. 전망이 좋은 곳, 커피에 진심인 곳, 요즘 핫한 신상 카페, 식물원 카페, 디저트와 베이커리 유명한 곳, 귤밭에 깃든 카페, 외국 카페처럼 이국적인 카페, 뉴트로 이미지 물씬한 빈티지 카페 등 여러 주제로 여행자에게 추천할 만한 곳을 담았습니다. 대표 메뉴와 가격대, 영업시간, 주소와 전화번호, 인스타그램 주소 등 여행에 필요한 정보들도 빠짐없이 담았습니다. 설렘과 낭만, 달콤한 휴식의 공간으로 당신을 초대합니다. 아무쪼록 이 책이 당신의 여행에 멋진 동행이 되길 바랍니다. 언제나 멋진 책을 만들어 주는 디스커버리미디어 식구들께 감사의 말씀을 전합니다. 그리고 늘 응원해주는 가족과 제주도를 아끼고 찾아주는 독자들께도 깊이 감사드립니다.

2022년 초겨울, 제주에서

문신희·빈중권·이다혜·정용혁

일러두기

『제주 카페 여행』 100% 활용법

독자 여러분의 제주 여행이 더 즐겁고, 더 특별하길 바라며 『제주 카페 여행』의 특징과 구성, 그리고 활용법을 알려드립니다. 휴식, 쉬는 것도 여행이죠. 커피를 마시고 디저트를 즐기고 여기에 멋진 풍경까지 감상할 수 있다면 이보다 더 멋진 휴식은 없을 겁니다. 아무쪼록 이 책과 더불어 특별한 카페 여행 스토리를 만들어가길 기원합니다.

① 이렇게 구성했습니다

제주 카페 지도 + 8가지 테마 카페 + 권역별 카페 정보

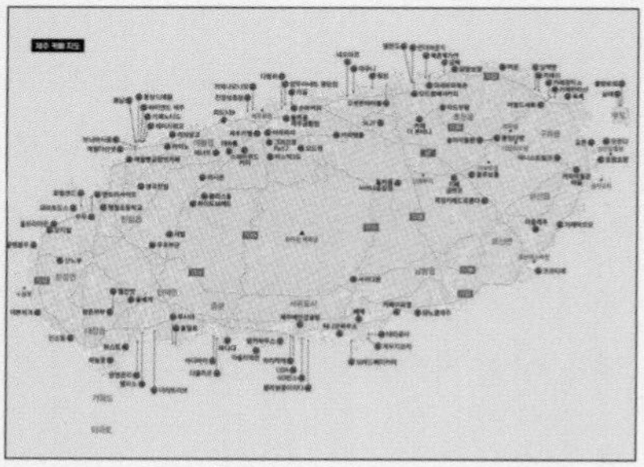

『제주 카페 여행』은 크게 제주 카페 전체 지도, 8가지 맞춤 테마 카페 여행, 4개 권역별 카페 정보로 구성돼 있습니다. 제주 카페 지도는 책에 실린 모든 카페와 베이커리, 디저트 카페를 담고 있습니다. 여행자를 위한 8가지 테마 카페는 오션 뷰 카페, 커피에 진심인 카페, 꽃과 식물이 있는 수목원 카페, 디저트 카페와 빵지 순례지, 귤밭 카페와 빈티지 카페, 외국에 온 듯 이국적인 카페 등 여덟 가지 주제로 카페 여행을 제안합니다. 또 독자의 여행 동선을 고려하여 제주시, 서부권, 동부권, 중문과 서귀포 등 4개 권역으로 나누어 제주도 최고 카페를 소개합니다.

② 한눈에 보기 편한 제주 카페 지도

4대 권역 카페 114곳 + 제주도 대표 명소

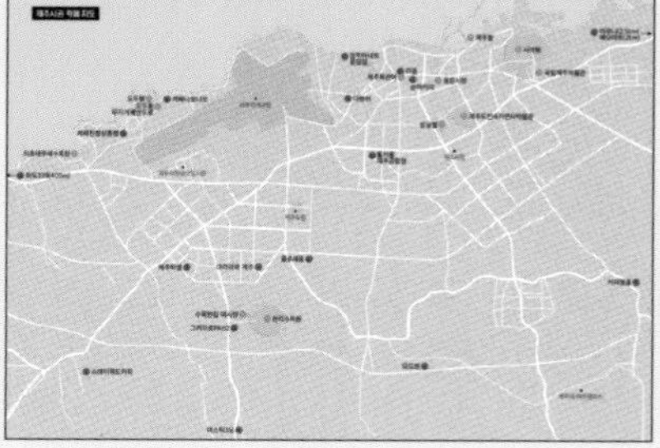

제주 카페 지도는 목차 앞에 있습니다. 『제주 카페 여행』에 나오는 모든 카페와 베이커리, 디저트 카페, 그리고 제주도의 대표 명소를 아이콘과 함께 실었습니다. 카페엔 커피잔 이이콘을, 명소엔 카메라 아이콘을 상호 또는 장소 이름과 함께 표기하였습니다. 따라서 아이콘을 보면 장소의 정체성를 금방 알 수 있습니다. 제주도 본섬은 물론 우도의 카페까지 권역별로 골고루 취재해 독자 여러분이 어디에 있든 자동차로 5~10분이면 원하는 카페에 도착할 수 있습니다. 당신이 있는 곳 주변의 카페 정보가 궁금하다면 제주 카페 지도를 펼쳐보세요.

③ 8가지 맞춤 테마 여행

오션 뷰 카페 + 수목원 카페 + 디저트와 베이커리 카페

맞춤 테마 여행은 8가지 주제로 세분하여 카페 여행을 제안합니다. 먼저, 에메랄드빛 바다를 감상하며 커피를 즐기고 싶다면 오션 뷰 카페를 선택하면 됩니다. 커피 마니아를 위해 커피에 진심인 카페를 한데 모았습니다. 꽃과 식물을 좋아하세요? 그렇다면 수목원 카페를 추천합니다. 달콤한 휴식을 원한다면 디저트 카페로 가면 됩니다. 빵지 순례지, 귤밭 카페와 빈티지 카페, 이국적인 카페 정보도 꼭 챙겨보세요.

④ 여행 동선을 고려해 4대 권역별로 구성

제주시 중심권 + 서부권 + 동부권 + 중문과 서귀포권

권역별 카페 정보는 『제주 카페 여행』의 본문에 해당합니다. 아무리 멋진 카페라도 멀리 있으면 그림의 떡이죠. 카페 정보를 4대 권역으로 나누어 구성한 까닭입니다. 오션 뷰 카페부터 요즘 뜨는 디저트 카페와 빵지 순례지까지, 커피에 진심인 카페부터 꽃과 식물이 아름다운 수목원 카페까지, 제주도 전역을 제주시권·서부권·동부권·중문과 서귀포권으로 나누어 누구나 인정하는 최고 카페만 엄선했습니다.

⑤ 메뉴, 예산, 영업시간, 휴무일… 카페별 정보도 상세하게

주소 + 주요 메뉴 + 영업시간 + 휴뮤일 + 주차 정보

카페의 특징과 매력을 잘 보여주는 것만큼이나 중요한 게 카페별 접근 정보와 영업장 정보를 자세히, 그리고 제대로 전달하는 것입니다. 『제주 카페 여행』은 카페별 주소와 전화번호, 영업시간, 주요 메뉴, 휴무일 같은 일반 정보와 영업 정보를 자세하게 안내합니다. 그뿐 아닙니다. 주차 정보, 1인 기준 예산, 인스타그램 주소도 꼼꼼하게 담았습니다. 또 아이 동반가능 여부, 반려동물 동반가능 여부, 그밖에 알아두면 좋을 카페별 개별 정보도 친절하게 안내합니다.

제주 카페 지도

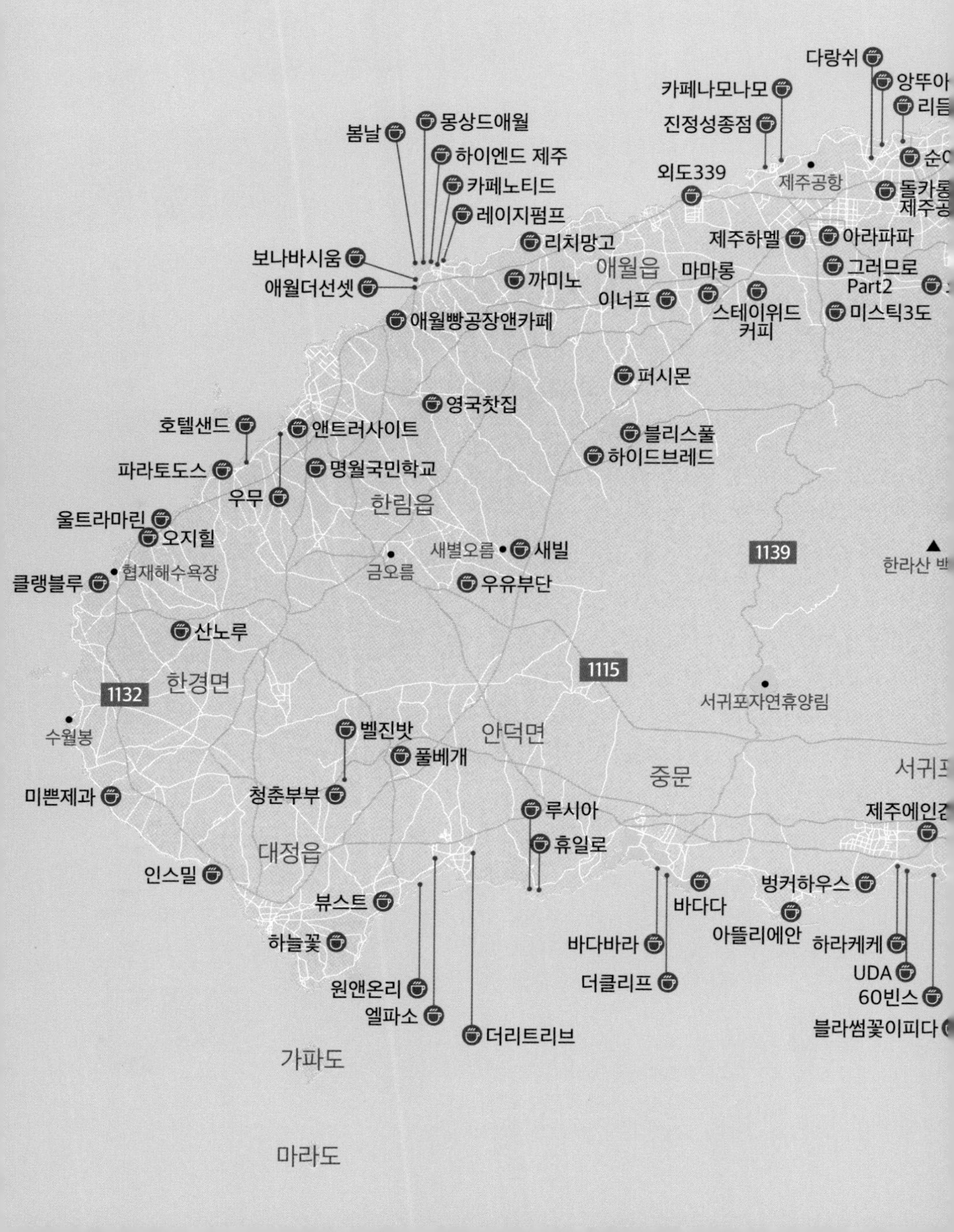

다랑쉬
카페나모나모
진정성종점
몽상드애월
봄날
하이엔드 제주
카페노티드
레이지펌프
외도339
제주공항
제주하멜
아라파파
그러므로
Part2
리치망고
보나바시움
애월더선셋
애월읍
까미노
마마롱
이너프
스테이위드
커피
미스틱3도
애월빵공장앤카페
퍼시몬
영국찻집
호텔샌드
앤트러사이트
블리스풀
하이드브레드
파라토도스
명월국민학교
우무
한림읍
울트라마린
오지힐
새별오름
새빌
1139
클랭블루
협재해수욕장
금오름
우유부단
산노루
1115
한경면
1132
서귀포자연휴양림
수월봉
벨진밧
안덕면
풀베개
중문
미쁜제과
청춘부부
루시아
휴일로
대정읍
인스밀
벙커하우스
바다다
뷰스트
아뜰리에안
바다바라
하라케케
하늘꽃
UDA
더클리프
60빈스
원앤온리
엘파소
더리트리브
블라썸꽃이피다
가파도
마라도

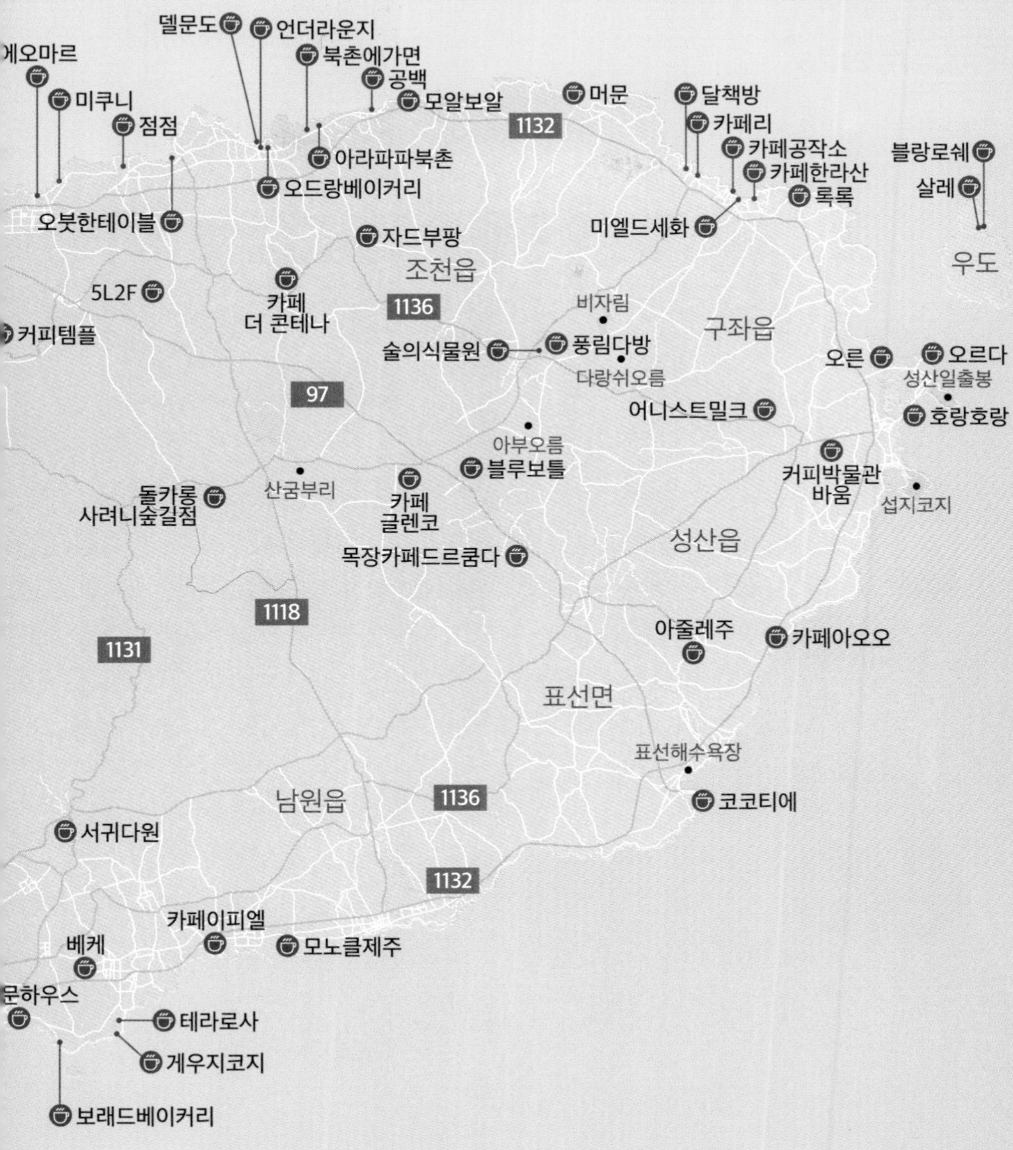

델문도
언더라운지
에오마르
북촌에가면
공백
모알보알
머문
달책방
미쿠니
1132
카페리
점점
카페공작소
블랑로쉐
아라파파북촌
카페한라산
오드랑베이커리
살레
록록
오붓한테이블
미엘드세화
자드부팡
우도
조천읍
5L2F
카페
더 콘테나
1136
비자림
커피템플
구좌읍
풍림다방
술의식물원
오른
오르다
다랑쉬오름
성산일출봉
97
어니스트밀크
호랑호랑
아부오름
블루보틀
커피박물관
바움
돌카롱
사려니숲길점
산굼부리
카페
글렌코
섭지코지
성산읍
목장카페드르쿰다
1118
아줄레주
카페아오오
1131
표선면
표선해수욕장
남원읍
1136
코코티에
서귀다원
1132
카페이피엘
모노클제주
베케
문하우스
테라로사
게우지코지
보래드베이커리

목차

Contents

Part 1. 제주 카페를 특별하게 즐기는 8가지 방법

Part 3. 서부권

Cafe & Bakery

Part 4. 동부권

Cafe & Bakery

Part 5. 중문과 서귀포 중심권

Cafe & Bakery

PART 1

맞춤 테마 여행

제주 카페를 특별하게 즐기는 8가지 방법

Cafe & Bakery

동서남북 최강 오션 뷰 카페

바다가, 에메랄드빛 바다가 없다면
제주의 매력은 반으로, 아니 그 이하로 줄어들 것이다.
동서남북, 제주 바다의 매력을 황홀하게 감상할 수 있는
최강의 오션 뷰 카페를 소개한다.
매혹의 바다가 어느새 당신의 마음도
푸르게 물들일 것이다.

1 카페 나모나모 P.38

제주시에서 가장 핫한 도두동무지개해안도로 옆에 있는 베이커리 카페다. 4층 건물 전체가 카페인데, 2층부터 모든 층과 야외 테라스에서 바다를 조망할 수 있다.

2 호텔 샌드 P.107

협재해수욕장과 비양도를 온전히 품을 수 있다. 카페 바로 앞이 협재해수욕장이다. 게다가 시선을 바다로 던지면 저 앞에서 신비로운 섬 비양도가 손을 흔든다.

3 뷰스트 P.126

안덕면 사계해안도로 옆에 있는 베이커리 카페이다. 2층으로 올라가면 감탄이 절로 나온다. 통유리 너머로 푸른 바다가 펼쳐진다. 말 그대로 그림 같은 풍경이다.

4 카페루시아 본점 P.136

안덕면 대평리에 있다. 깎아지른 듯한 기암절벽 박수기정과 푸른 바다를 조망할 수 있어 더욱 특별하다. 꽃밭을 끼고 있어 봄이면 유채가 노란 물결로 일렁인다.

5 델문도 P.150

제주도 동부에서 가장 인기가 많은 오션 뷰 카페이다. 야외 테라스로 나가면 함덕 바다가 발아래부터 저 멀리 수평선까지 푸른 비단처럼 황홀하게 펼쳐진다.

6 카페 아오오 P.194

제주올레 3-B코스가 지나는 환해장성로 옆에 있다. 카페 3면이 통창이다. 넓을 창을 통해 하늘과 맞닿은 곳까지 펼쳐진 푸른 바다가 한꺼번에 다가온다.

커피에 진심인 로스터리 카페

제주도에 지금도 새로운 카페가 속속 생겨나고 있다.
오션 뷰 카페가 한창 뜨더니
이제는 베이커리 카페가 유행을 타고 있다.
이런 시류에도 끝끝내 카페의 본질,
그러니까 커피 맛에 집중하는 카페가 있다.
차와 커피에 진심인 카페를 모았다.

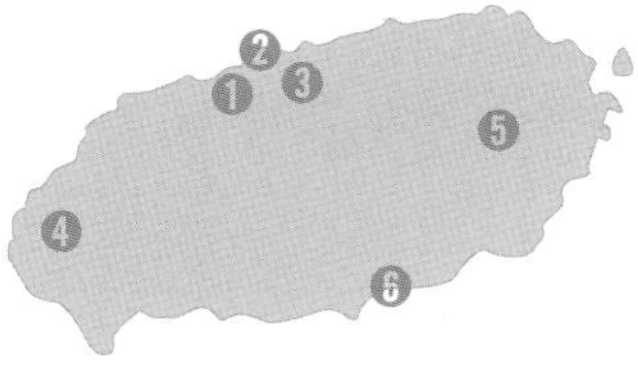

1 스테이위드커피

P.62

커피에 진심인 카페이다. 20여 가지 원두를 직접 시향 해보고 선택할 수 있다. 손님이 커피를 선택하면 원두의 특성과 풍미를 살려 핸드드립으로 내린다.

2 카페진정성 종점

P.40

깔끔한 밀크티로 입소문이 나면서 김포, 여의도, 강남을 거쳐 제주시에 상륙했다. 카페 이름처럼 진정성 있는 커피와 티, 음료를 만드는 일에 집중한다.

3 커피템플

P.64

2016년 한국 바리스타 챔피언 출신인 김사홍 씨가 운영한다. 시그니처 메뉴는 탠저린 카푸치노이다. 카푸치노와 감귤 과즙, 감귤 향의 조화가 뛰어나다.

4 산노루 제주점

P.116

한경면 조수리에 있는 녹차 카페이다. 고품질 찻잎으로 녹차 음료를 제대로 만드는 집이다. 고품질 말차플랫화이트와 말차아인슈페너의 인기가 높다.

5 블루보틀 제주

P.178

서울 이외 지역에 생긴 블루보틀 첫 지점이다. 스페셜티 커피를 지향한다. 향, 바디 감, 산미 정도 등 커피 본연의 맛을 살리는 데 집중한다.

6 테라로사 서귀포점

P.220

단순히 카페를 운영하는 것에 머물지 않고 커피 문화를 높이는 일에도 많은 투자를 한다. 담백한 맛과 깊은 향, 적당한 산미 등 여러모로 평이 좋다.

평온을 선물하는 정원 카페와 식물원 카페

바다 전망 카페 못지않게 요즘 인기를 누리는 곳이
자연에 깃든 식물원 카페이다.
동서남북, 그리고 중산간의
아름다운 식물원 카페를 소개한다.
식물이 주는 편안함과 자연에 깃든 행복감을 느끼고 싶다면
꽃과 나무, 정원 식물이 자라는 카페로 가자.

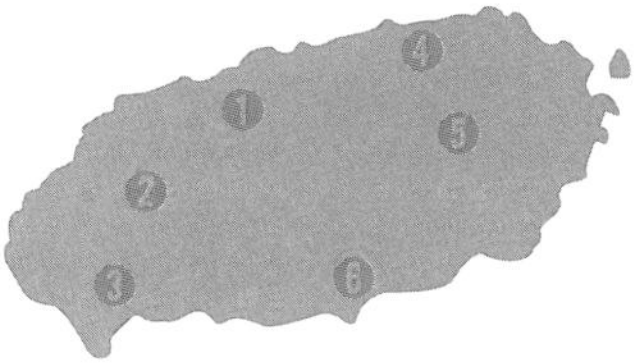

1 미스틱3도

P.58

한라산 아래 신비의 도로 옆에 있다. 인스타 감성과 넓고 멋진 정원을 갖췄다. 한라산이 한눈에 펼쳐지는 루프톱과 정원 앞 테이블은 늘 인기가 많다.

2 새빌

P.100

식물원 카페는 아니지만, 통유리로 눈앞에서 새별오름을 감상할 수 있다. 가을, 은빛 억새와 핑크뮬리가 물결치면 로맨틱한 분위기가 절정을 이룬다.

3 마노르블랑

P.128

봄에는 유채, 여름엔 수국, 가을엔 핑크뮬리, 겨울에는 동백. 식물원 같은 2천여 평 정원엔 사계절 꽃이 핀다. 푸른 바다와 산방산도 손에 잡힐 듯 다가온다.

4 북촌에 가면

P.154

사계절 아름다운 꽃을 만날 수 있다. 특히 핑크빛 제주를 만나고 싶다면 북촌에 가면으로 가야 한다. 제주에서도 손꼽히는 핑크뮬리 명소인 까닭이다.

5 카페 글렌코

P.176

스코틀랜드 글렌코 지역의 초원을 모티브로 만든 정원형 카페다. 넓은 초원과 산바람에 어깨를 흔드는 억새, 매혹적인 핑크뮬리가 여행객을 반겨준다.

6 베케

P.222

서귀포시 효돈동에 있는 가드닝 카페이다. 멋진 조경 덕에 입구부터 카메라를 들게 만든다. 창문 밖에 정원수, 양치식물, 핑크뮬리, 이끼 식물이 가득하다.

달콤한 유혹, 디저트가 맛있는 카페

디저트나 베이커리를 팔지 않는 카페는 드물지만,
그렇다고 다 맛이 수준급인 건 아니다.
제주도의 수많은 카페 중에서
디저트가 맛있기로 소문난 카페만 한데 모았다.
지금부터, 달콤함과 부드러움의 유혹에 빠져보자.

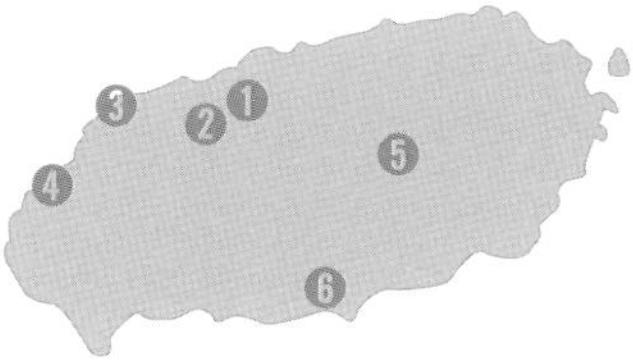

© 강경필

1 제주하멜

P.51

수제 치즈케이크 맛집이다. 맛은 더없이 달콤하고 부드럽다. 오픈 시간 전에 도착해 대기 후 사거나 방문 예약 후 정해진 시간에 픽업해야 할 만큼 인기가 많다.

2 마마롱

P.88

제주 서부에서 손꼽히는 디저트 카페로, 애월읍 광령리에 있다. 정원이 딸려 있어서 분위기가 아늑하다. 레몬타르트와 에클레어. 당근케이크가 대표 메뉴이다.

3 카페노티드 제주

P.78

한담해변에 부는 도넛 열풍 몰고 온 브랜드이다. 서울의 여러 지점이 그렇듯 웨이팅이 기본일 때가 많다. 촉감은 부드럽고, 맛은 달큼함과 담백함 사이에 있다.

4 오지힐 제주

P.112

호주 감성이 흐르는 한경면의 디저트 카페이다. 시그니처 메뉴는 호주의 국민 디저트 파블로바이다. 머랭 케이크 위에 생크림과 제철 과일을 올린 디저트이다.

5 돌카롱 사려니숲길점

P.161

마카롱에 제주의 감성을 입혔다. 유채카롱, 이호테우카롱, 수국카롱, 억새카롱…. 크러스트는 현무암 빛깔의 닮은 듯 검지만, 필링은 제주의 색깔처럼 다채롭다.

6 허니문하우스

P.217

1980~1990년대 전망 명소이자 인생 샷 명소였던 파라다이스호텔이 카페로 변신했다. 칼호텔에서 운영한다. 커피, 음료, 디저트가 풍경만큼이나 수준급이다.

제주도로 빵지 순례 떠나세요

빵의 성지순례. 빵 맛이 좋기로 소문난 가게를 찾아다니는 여행,
몇 해 전부터 일기 시작한 빵지 순례가
이제는 제주도까지 이어지고 있다.
동서남북, 빵 마니아들 사이에서 인기를 끌고 있는
베이커리 6곳을 소개한다.

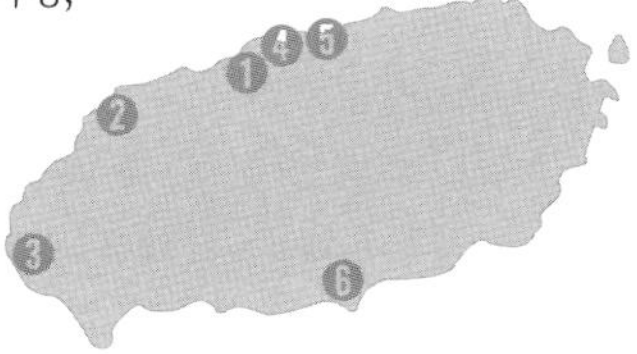

1 아라파파

P.48

빵을 사랑하는 미식가들이 제주에 오면 꼭 들른다는 빵 성지다. 유기농 밀가루와 신선한 채소, 과일을 사용해 빵을 만든다. 홍차밀크잼이 빵만큼 인기가 많다.

2 애월빵공장앤카페

P.86

현무암쌀빵, 한라봉무스, 화산석쇼콜라 등 제주 감성이 스며든 메뉴가 많다. 유기농 밀가루, 천연발효종, 100% 순수 우유 버터, 무가당 생크림으로 빵을 만든다.

3 미쁜제과

P.118

제주에서 보기 드문 한옥 베이커리이다. 빵 마니아의 빵지 순례 코스 가운데 하나이다. 프랑스 유기농 밀가루와 자연 숙성한 천연발효종으로 빵을 만든다.

4 오드랑베이커리

P.152

함덕해수욕장의 소노벨제주 리조트 근처에 있다. 빵지순례자와 마농마늘바게트를 좋아하는 이들에겐 필수 방문지가 된 지 오래다. 마농바게트가 시그니처 메뉴이다.

5 아라파파 북촌

P.156

조천포구 옆에 있는 오션 뷰 베이커리 카페이다. 머핀, 케이크, 크림빵, 크루아상까지 모두 맛이 좋고 담백하다. 건물 뒤편으로 에메랄드빛 바다가 선물처럼 펼쳐진다.

6 보래드베이커스

P.218

맛으로 승부하는 오션 뷰 베이커리 카페이다. 서귀포시 보목동의 호텔서귀피안 1층에 있다. 입소문을 타면서 서귀포에서 손꼽히는 빵지 순례 명소가 되었다.

카페가 귤밭 속으로 들어왔다

귤밭 카페! 커피 향만으로도 이미 마음이 즐거운데
여기에 귤 향기까지 더해진다면?
이것이야말로 금상첨화 아닐까?
귤밭 카페는 제주도에서만 체험할 수 있는
특별한 공간이다. 제주부터 서귀포까지
매력이 넘치는 귤밭 카페를 한데 모았다.

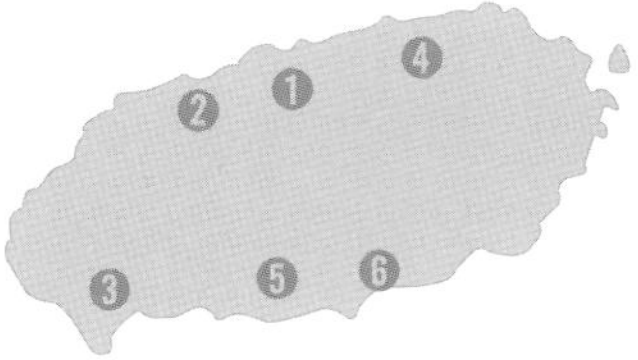

1 커피템플 P.64

안에 있다. 중선농원은 50년이 넘은 감귤농장이다. 귤나무, 동백나무 아래서 커피를 마시는 느낌이 퍽 낭만적이다.

2 너와의첫여행 P.92

항파두리항몽유적지 근처의 귤 보관용 돌 창고를 카페로 변모시켰다. 감귤밭과 메밀밭이 포토 존이다. 10월 말~12월 사이엔 감귤 따기 체험을 할 수 있다.

3 청춘부부 P.124

대정읍의 제주곶자왈도립공원에서 차로 5분 거리에 있는 귤밭 카페이다. 흰색 벽과 감귤밭이 보이는 창이 어우러져 제주 감성과 킨포크 느낌을 물씬 풍긴다.

4 카페 더 콘테나 P.158

조천읍 와산리에 있다. 노란 플라스틱 감귤 상자를 닮은 건축으로 유명하다. 귤밭을 감상하며 커피를 마실 수 있다. 노란 귤밭에서 멋진 인생 사진을 찍을 수 있다.

5 제주에인감귤밭 P.211

포토존이 예쁜 귤밭 카페로, 서귀포시 호근동에 있다. 카페 밖과 귤밭에 포토존이 제법 많다. 청귤청과 한라봉 감귤청 만들기 체험 프로그램도 운영한다.

6 테라로사 서귀포점 P.220

귤밭 옆 카페에서 프리미엄 커피 즐길 수 있다. 귤 농원 옆 야외에도 테이블이 놓여 있다. 귤꽃이 피는 봄이나 감귤이 익는 가을에 찾으면 퍽 낭만적이다.

뉴트로 감성이 흐르는 빈티지 카페

옛 가옥을 리모델링한 카페, 양수장 건물을 개조한 카페,
전분 공장을 개조한 카페….
제주도엔 유난히 뉴트로 감성이 흐르는
빈티지 카페가 많다.
당신의 여행 스토리에 제주도의 감성이 깃들길 기대하며,
독특하고 매력적인 빈티지 카페 여섯 곳을 소개한다.

© 송인희

1 리듬

P.44

〈효리네민박〉에 나와 유명해진 '쌀다방'이 이름을 바꿔 이전한 곳이다. 제주시의 오래된 원도심 목욕탕을 고쳐서 카페로 만들었다. 뉴트로 감성이 매력적이다.

2 다랑쉬

P.42

제주공항에서 가까운 고즈넉한 돌담 카페이다. 1945년에 지은 주택을 개조해 카페로 만들었다. 돌담과 서까래 등 제주다움을 살리면서도 세련된 공간으로 변모시켰다.

3 레이지펌프

P.76

애월카페거리 근처에 있던 양어장의 펌프장 건물을 개조하여 멋진 카페로 만들었다. 2층의 바다 전망 포토 존과 3층의 빈티지 풍 전망대가 독특하고 매력적이다.

4 앤트러사이트 한림

P.104

한림읍의 전분 공장을 빈티지 풍 인더스트리얼 카페로 변모시켰다. 도르래와 전기 터빈 등 옛 공간의 정체성을 잘 살려 독특하고 매력적인 분위기를 자아낸다.

5 인스밀

P.122

대정읍 바닷가의 오래된 곡물창고를 빈티지 카페로 탈바꿈시켰다. 정원의 야자수가 이국적인 분위기를 연출해주고, 옥상에 오르면 푸른 바다가 와락 다가온다.

6 풀베개

P.140

제주의 전통 가옥을 개조해 매력적인 카페로 만들었다. 빈티지 느낌을 살리기 위해 외관을 최소한으로 손댔다. 카페 안팎에서 제주 감성을 흠뻑 느낄 수 있다.

외국에 온 듯, 이국적인 카페 여행하기

영국, 프로방스, 포르투갈, 남미, 하와이….
제주도엔 외국에 온 듯 이국적인 카페가 의외로 많다.
외국보다 더 외국 같은 카페 6곳을 모았다.
이국적인 카페에서
잠시 해외여행을 떠나는 기분을 만끽해보자.

1 영국찻집

P.98

영국 감성이 가득한 홍차 전문 카페이다. 카페와 주변 풍경이 영국의 전원 마을 같다. 순식간에 제주도에서 런던 근교로 공간이동 한 것 같아 마음이 설렌다.

2 엘파소

P.132

멕시코와 붙은 미국 텍사스주의 국경도시 '엘파소'에서 카페 이름을 따왔다. 키 큰 야자수와 노란 외벽이 중남미의 이국적이고 발랄한 휴양지 느낌을 준다.

3 자드부팡

P.162

프랑스의 프로방스 감성이 짙게 풍기는 숲속 디저트 카페다. 카페 이름은 인상주의 화가 '폴 세잔'이 그림을 그리며 지냈던 엑상프로방스 별장의 이름에서 따왔다.

4 카페 모알보알 제주점

P.166

카페 이름을 세부섬의 지역 이름에서 따왔다. 카페 내부는 남국의 정취를 짙게 풍긴다. 하와이 또는 동남아 해변에 있는 히피들의 아지트에 와있는 느낌이 든다.

5 아줄레주

P.196

포르투갈을 느낄 수 있는 이국적인 카페이다. 카페 외벽 일부를 타일로 장식해 제주도에서 만나는 작은 리스본 같다. 아줄레주의 시그니처 메뉴는 에그타르트다.

6 하라케케

P.212

수영장과 비치 파라솔, 라탄 의자, 키 큰 야자수가 있는 풍경이 더없이 이국적이다. 카페가 아니라 하와이나 남국의 휴양지에 있는 리조트 같고, 부티크 호텔 같다.

JEJU BAKERY CAFE
CAFE
NAMONAMO
[제주 바다 그리고 카페 나모나모]
Tranquility

PART 2

제주시권

Cafe & Bakery

제주시권 카페 지도

도두봉
카페나모나모
도두동
무지개해안도로
제주국제공항
카페진정성종점
이호테우해수욕장
제주시민속오일시장
외도339(400m)
1132
제주도청
콜로세움
제주하멜
아라파파 제주
1136
수목원길 야시장
한라수목원
그러므로PArt2
스테이위드커피
1135
1139
미스틱3도

미쿠니(2.5km)
에오마르(2km)
쭈아네트 용담점
용두암
제주항
사라봉
1132
리듬
제주목관아
순아커피
동문시장
국립제주박물관
다랑쉬
제주도민속자연사박물관
삼성혈
97
돌카롱
제주공항점
제주시청
1131
커피템플
1136
오드씽
제주대 벚꽃길
제주대 아라캠퍼스

앙뚜아네트 용담점

Cafe & Bakery

제주시 서해안로 671 064-713-2220 매일 09:00~21:00

크림라테, 한라봉에이드, 와플, 마카롱 ₩ 1인 10,000원

전용 주차장 @jeju_antoinette

바다 전망이 매혹적인 베이커리 카페

드라이브 코스로 유명한 용담해안도로 바로 앞에 있는 베이커리 카페이다. 요즘 제주시에서 가장 인기가 많은 카페 가운데 하나이다. 앙뚜아네트 용담점의 가장 큰 매력은 바다다. 주차장에 차를 세우고 카페 안으로 들어서면 통유리창 너머로 제주의 푸른 바다가 시원하게 펼쳐진다. 먼 곳에서 돌아오는 애인처럼 파도가 하얀 손을 흔들며 다가온다. 커피 향과 빵과 케이크 냄새, 여기에 은은한 바다 향까지 더해져 여행자의 후각을 즐겁게 자극한다.

건물 외관은 조금 평범한데, 내부는 퍽 인상적이다. 붉은색 기둥과 난간도 시선을 끌지만, 나무 천장이 무척 아름답다. 씨줄과 날줄처럼 잘 짜인 나무 천장은 그냥 천장이 아니라 무슨 목공예 작품 같다. 카페 한쪽 벽에는 마리 앙뚜아네트의 초상화가 수호신처럼 걸려있다. 이곳의 시그니처 메뉴는 용두암 클라우드와 현무암 클라우드이다. 무슨 맥주 이름 같지만, 사실은 크림라테이다. 고소하고 감칠맛이 남다르다. 와플, 딸기팡도르, 크루아상, 에그타르트, 스콘, 마카롱 등 베이커리도 제법 다양하다. 지하로 내려가면 야외로 연결된다. 맑은 날에는 빈백에 편안하게 누워 제주의 바람과 푸른 바다를 즐겨보자.

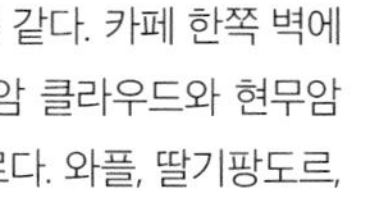

ONE MORE **주변 명소와 맛집**

용두암 제주시 용두암길 15

김희선제주몸국 몸국, 고사리육개장

제주시 어영길 45-6 064-745-0047 07:00~16:00(일요일 휴무)

자매국수 고기국수, 비빔국수, 멸치국수, 돔베고기

제주시 탑동로11길 6 064-746-2222 09:00~19:40(브레이크타임 14:20~16:00, 수요일 휴무)

카페 나모나모

Cafe & Bakery

제주시 도두봉6길 4 064-713-7782 매일 08:00~23:00(주문 마감 22:30)
현무암라테, 콩가루집안, 제주당근타르트, 한라봉파운드 ₩ 1인 10,000원~20,000원
전용 주차장 반려동물 동반 불가, 1인 1메뉴 원칙 @cafe_namonamo

© 송인희

앞은 오션 뷰, 뒤편은 마운틴 뷰

요즘 제주시에서 가장 핫한 도두동무지개해안도로 옆에 있는 베이커리 카페다. 무지개해안도로와 이곳에서 이어지는 용담해안도로 옆으로 오션 뷰 카페가 제법 많은 편인데, 규모와 전망에서 카페 나모나모가 가장 앞선다. 보통 카페는 오전 10시 또는 11시에 오픈하지만, 이곳은 아침 8시부터 문을 연다. 나모나모는 4층 건물 전체가 카페다. 루프톱까지 포함하면 5층이 모두 카페이다. 실내에 엘리베이터까지 있으니 규모 면에서도 압도적이다. 게다가 2층부터 모든 층에서 바다를 전망할 수 있다. 3층 야외 테라스에선 바다를, 반대편 테라스에서는 한라산을 볼 수 있다. 옥상정원으로 가면 귀여운 돌하르방을 파트너 삼아 파란 하늘과 푸른 바다를 배경으로 멋진 사진을 찍을 수 있다.

나모나모의 대표 메뉴는 크림이 듬뿍 들어간 현무암라테, 콩가루집안이라는 독특한 이름을 가진 아인슈페너이다. 음료는 한라봉에이드 인기가 좋다. 빵 종류는 무척 다양하다. 타르트, 바케트, 크루아상, 케이크 등 웬만한 종류는 다 있다. 드라이브스루도 가능하다. 커피를 다 마시면 잊지 말고 무지개해안도로로 가자. 알록달록 무지갯빛 방호벽을 배경으로 멋진 사진을 남겨보자.

ONE MORE **주변 명소와 맛집**

도두봉 제주시 도두일동 산1

도두동무지개해안도로 제주시 도두일동 1734

순옥이네명가 전복죽, 전복물회, 전복뚝배기, 성게미역국
제주시 도공로 8 064-743-4813 09:00~21:00(브레이크타임 15:30~17:00, 첫째·넷째 화요일 휴무)

청도 해물탕, 전복뚝배기, 문어뚝배기
제주시 서해안로 546 064-713-8881 매일 09:00~22:00

카페진정성 종점

Cafe & Bakery

제주시 서해안로 124 0507-1369-7674 09:00~21:00
블렌딩 커피, 오리지널 골드 밀크티 ₩ 1인 10,000원
전용 주차장 주차 후 바닷가로 2분 이동(제주시 도리로 111) 예스키즈존 @cafe_jinjungsung

© 문신기

© 문신기

제주에 상륙한 밀크티 찐 맛집

제주시에서 가장 핫한 카페 중 하나이다. 이호테우 해수욕장과 조랑말등대로 유명한 이호동에 있다. 김포시 하성에 본점이 있다. 깔끔한 밀크티로 입소문이 나면서 여의도, 강남 등에 분점을 내고 제주시에도 오픈했다. 카페 이름에서 알 수 있듯이 진정성 있는 음료와 디저트를 위해 애쓴다. 밀크티는 우유에 홍차를 우려내서 만든다. 제조 시간을 단축하기 위해서 차를 우려낸 뒤 우유를 섞고 연유나 우유 분말로 단맛을 내는 경우가 종종 있다. 그러나 카페 진정성은 차가운 우유에 홍차 잎과 비정제 설탕을 넣고 긴 시간 동안 우려내는 방식을 고집한다. 그만큼 맛이 깔끔하고 차향이 깊게 배어있다. 밀크티뿐 아니라 커피, 차, 제주산 감귤과 당근으로 만든 음료 등이 있는데 맛이 흠잡을 데 없다.

카페 진정성은 인생 샷 카페로도 유명하다. 카페 마당으로 연결되는 통로에 있는 나 홀로 나무가 SNS에서 떠오르는 핫한 포토존이다. 건물 설계 단계부터 의도하여 나무를 베지 않은 듯한데, 현대적인 건물 중앙에 자라난 나무가 멋스럽다. 맛과 멋 모두를 갖춘 카페를 찾는다면 진정성으로 가자.

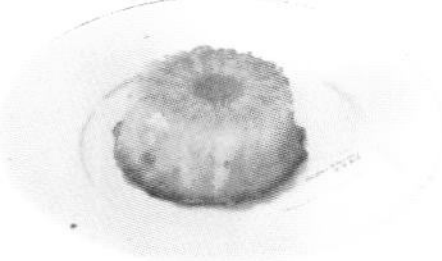

ONE MORE **주변 명소와 맛집**

이호테우해수욕장 제주시 이호일동 1665-13

조랑말등대 제주시 도리로 20

순옥이네명가 전복죽, 전복물회, 전복뚝배기, 성게미역국

제주시 도공로 8 064-743-4813 09:00~21:00(브레이크타임 15:30~17:00, 첫째·넷째 화요일 휴무)

다랑쉬

Cafe & Bakery

제주시 용문로21길 4 0507-1323-4857 10:00~19:00(화·수 휴무)
아메리카노, 댕유자 에이드 ₩ 1인 10,000원 근처 공영주차장 이용 @darangshe_

제주공항 근처 고즈넉한 돌담 카페

제주공항에서 자동차로 2km 떨어진 곳에 있는 돌담 카페이다. 1945년에 지어진 주택을 개조해 만들었다. 두 개의 건물로 되어 있는데 한 곳은 사무실과 카페로, 다른 한 곳은 카페로 운영 중이다. 두 건물 사이에 있으면 제주 전통 가옥 형태인 안거리와 밖거리 그리고 올레가 연상된다. 카페 내부는 서까래와 돌담은 살리고 콘크리트와 통유리를 더해 제주다우면서도 세련된 공간으로 변모시켰다.
어느 곳에 앉아도 외부의 풍경이 보이고 다른 테이블과 적절한 거리가 유지된다. 지나치게 개방적이지도 폐쇄적이지도 않은 것이 제주의 전통적인 주거 형태를 닮았다. 제주의 주거공간과 건축학적 역사를 인정받아 '2019 제주다운 건축상'을 수상했다. 공간만큼이나 음료와 디저트에도 제주다운 매력을 담았다. 남원 유자로 만든 댕유자 에이드와 말린 감귤로 상큼함을 더한 브라우니 등 제주에서만 맛볼 수 있는 메뉴가 제법 있다. 여행의 시작 또는 마지막에 들리기 더할 나위 없이 좋은 곳이다.

ONE MORE **주변 명소와 맛집**

용두암 제주시 용두암길 15

산도롱맨도롱 제주공항점 홍갈비국수, 백갈비국수, 마약육전
제주시 용담로 16 2층 064-803-0306 매일 09:00~20:00(브레이크타임 15:10~17:00)

넉둥베기 고사리육개장 고사리육개장, 접짝뼈국, 산적구이
제주시 서문로 9-1 064-743-2585 09:00~재료 소진 시까지(수요일 휴무)

리듬

Cafe & Bakery

제주시 무근성7길 11 070-7785-9160 11:00~20:00(목요일 휴무)
쌀라테, 리듬라테, 천혜향에이드 ₩1인 10,000원 공영주차장

© 송인희

원도심의 목욕탕을 리모델링한 빈티지 카페

제주시 삼도이동은 제주도 원도심이다. 조선 시대 건물인 관덕정과 제주목 관아가 이곳이 원도심임을 일러주려는 듯 오래도록 자리를 지키고 있다. 골목은 좁고 건물은 키가 작다. 거리도, 건물들도 오래되고 낡은 느낌이 들지만, 그래서 세월의 향기가 짙게 배어있다. 원도심 골목길을 걸을 때마다 오래된 건물들이 옛이야기를 들려주는 듯하여 마음이 편안해진다. 이후북스 제주점과 100년이 넘은 일본식 건물을 리모델링한 순아커피가 그렇고, 제주목 관아 서쪽의 카페 리듬도 그런 곳이다.

리듬은 〈효리네민박〉에 나와 유명해진 '쌀다방'이 이름을 바꿔 이전한 곳이다. 오래된 태평목욕탕을 고쳐서 카페로 만들었다. 카페로 변모했지만, 외벽뿐 아니라 내부도 옛 건물의 흔적을 많이 살렸다. 채도가 짙은 초록색 문을 달고, 외벽 일부를 오렌지 색으로 칠해 조금 변화를 주었다. 뉴트로 이미지와 제주도 특유의 감성이 흐르는 빈티지 카페로 현지인뿐만 아니라 여행자들에게도 인기가 많다. 햇살이 스며드는 카페에 앉으면 가만히 일기를 쓰거나 책을 읽고 싶어진다. 커피 종류가 제법 다양하고 스콘과 자두스무디도 맛있다. 리듬 2층에는 금속 액세서리 전문점 반띵이 있다. 같이 둘러보기 좋다.

ONE MORE 주변 명소와 맛집

관덕정과 제주목 관아 제주시 관덕로 19 064-710-6711

동문시장 제주시 관덕로14길 20 064-752-3001

우진해장국 고사리육개장, 몸국, 사골육개장, 녹두전

제주시 서사로 11 064-757-3393 매일 06:30~22:00

제주시새우리 제주점 딱새우김밥, 새우꼬막무침, 양념새우컵밥

제주시 무근성7길 24 064-900-2527 매일 09:00~20:00

순아커피

제주 제주시 관덕로 32-1 010-9102-0120 매일 09:00~19:00(일요일 휴무)
유기농 커피 ₩ 4,000원~6,000원 주변 공영주차장,이면 도로
전시와 문화 행사가 종종 열린다 @myhighharbor

ⓒ강경필

100년의 시간이 깃든 뉴트로 카페

커피보다 건물이 더 유명한 곳이다. 제주목 관아 건너편엔 영화에서나 봄 직한 오래된 적산가옥 한 채가 눈에 들어온다. 오랜 세월을 견뎌낸 이 건축물은 100년의 세월이 흘러 허물어질 운명이었지만 권정우 건축사가 건축주를 설득해 건축물의 외형을 살리고 가족의 이름을 따 '순아커피'라 이름 지었다. 내부로 들어가면 기존 목구조 부재들이 고스란히 보인다. 그 사이마다 오래된 타일과 신문으로 된 벽지와 문살들이 눈에 들어온다. 자리를 버텨온 시간만큼 카페 곳곳에 밴 커피 향을 따라 좁고 가파른 사다리를 타고 2층으로 올라가 보자. 건축물의 나이를 보여주는 단정한 마루와 미서기문과 다다미방, 도코노마(일본 건축에서 다다미 방안의 장식 공간)가 인상적이다. 1층과 대비되는 차분하고 정적인 공간이 무척 매력적이다. 이왕이면 과거로 돌아간 듯한 2층에서 커피를 마셔보자. 100년 역사를 관통하며 제주 원도심을 지켜온 공간, 해묵은 것들의 새로움이 은근히 감동을 준다. 소소하지만 켜켜이 쌓인 시간과 그 세월이 만든 가성이 흐르는 곳, 순아커피는 카페 그 이상의 가치가 있는 곳이다.

ONE MORE **주변 명소와 맛집**

관덕정과 제주목 관아 제주시 관덕로 19 064-710-6711

동문시장 제주시 관덕로14길 20 064-752-3001

우진해장국 고사리육개장, 몸국, 사골육개장, 녹두전
제주시 서사로 11 064-757-3393 매일 06:30~22:00

제주시새우리 제주점 딱새우김밥, 새우꼬막무침, 양념새우컵밥
제주시 무근성7길 24 064-900-2527 매일 09:00~20:00

아라파파 제주

Cafe & Bakery

제주시 국기로3길 2 064-725-8204 매일 08:00-22:00
홍차 밀크잼, 잼류, 수제 베이커리 ₩ 5,500원~20,000원 카페 앞 공영주차장 @alapapa_jeju

유기농 밀가루로 만든 수제 빵

아라파파는 빵을 사랑하는 미식가들이 제주에 오면 꼭 한번 들른다는 빵 성지다. 아라파파à la papa는 프랑스어로 '천천히', '한가롭게'라는 뜻으로 맛있는 빵과 차 한 잔으로 느긋하게 여유를 즐기라는 의미를 담고 있다. 나무로 꾸민 내부는 아늑함과 잔잔한 여유로움이 흐른다. 어느 빵이든 유기농 밀가루와 신선한 채소, 과일을 사용해 만든다. 저온 숙성하고 여기에 파티셰의 손길이 더해진 빵과 쿠키가 침샘을 자극한다. 늦은 오후에 방문하면 고를 수 있는 빵 종류가 적어지니 가능하면 오전에 방문하는 것을 추천한다.

아라파파에서 인기가 많은 품목은 18시간 동안 저온 숙성시킨 빵에 채소와 모차렐라 치즈를 더해 만든 샌드위치이다. 크루아상과 마들렌, 치아바타도 인기가 좋다. 하지만 사실 이곳에서 가장 유명한 것은 홍차밀크잼이다. 홍차를 넣어 은근하게 조려 만드는데, 은은한 홍차 향이 매력적이다. 맛이 부드럽고 달지 않아 좋다. 비스킷, 빵 위에 올려 먹으면 좋다. 한라봉잼과 녹차밀크잼, 구좌당근잼의 인기도 좋다. 베이커리 옆에 빵과 커피, 음료를 즐길 수 있는 카페가 따로 있다.

ONE MORE **주변 명소와 맛집**

한라수목원 제주시 용두암길 15

수목원길 야시장 제주시 은수길 69 064-742-3700

동화로연탄구이 연동점 흑돼지오겹살, 흑돼지목살, 삼겹살
제주시 국기중길 12 064-748-8892 매일 16:30~22:30

낭푼밥상 몸국, 고사리육개장
제주시 연동6길 28 064-799-0005
10:30~21:00(브레이크타임 15:00~16:00, 수 휴무)

돌카롱 제주공함점

Cafe & Bakery

제주시 서광로2길 27-2 064-722-5303 10:00~18:00(재료 소진 시 조기 마감)
돌카롱, 커피, 딸기주스 ₩ 1인 15,000원
길가 및 길 건너 제주종합경기장 공영주차장

제주를 닮은 형형색색 마카롱

마카롱은 16세기 이탈리아 피렌체에서 탄생했지만, 이후 프랑스로 건너가 꽃을 피웠다. 마카롱의 고향은 이탈리아이지만, 대중화는 프랑스에서 이루어진 셈이다. 귤이 '회수'를 건너오면 탱자가 된다지만, 마카롱은 동아시아의 아름다운 섬 제주로 건너와 '돌카롱'이 되었다. 돌카롱의 '돌'은 돌멩이, 더 구체적으로는 제주의 화산석 '현무암'을 말한다. 현무암을 닮은 검정 빛깔 크러스트에 제주의 유채, 수국, 바다, 억새의 색깔을 연상시키는 필링을 채워 넣었다. 필링의 컬러를 따 각각 유채카롱, 수국카롱, 이호테우카롱, 억새카롱이라 이름 지었다. 한 상자에 마카롱 5개가 들어가는데 가격은 15,000원로 꽤 비싼 편이다. 커피와 음료도 있다. 카페라테, 아메리카노, 딸기우유, 망고주스를 판매한다. 가게는 제주종합경기장 근처에 있다. 제주공항과 가까워 여행을 마치고 돌아가는 길에 들르기 편하다. 사려니숲길 근처 비자림로에 지점이 있다.

ONE MORE **주변 맛집**

제주김만복 본점 만복이네김밥, 통전복주먹밥, 성게미역국
제주시 오라로 41 064-759-8582 매일 08:00~20:30

칠돈가 본점 근고기, 김치찌개
제주시 서천길 1 064-727-9092 매일 13:30~22:00

제주하멜

Cafe & Bakery

◎ 제주시 노형2길 51-3 ☏064-743-1653 ◷ 11:00~18:00(2~4일 전 방문 예약 필수)
Ⓜ 치즈케이크 ₩ 1인 17,000원 🚗 전용 주차장 ⓘ @jejuhamel

예약해야 살 수 있는 치즈케이크

하멜은 네덜란드 상인으로, 1653년 배를 타고 일본으로 가다가 태풍을 만나 제주도에 불시착했다. 하지만 요즘 하멜은 사람이 아니다. 제주시에서 가장 핫한 디저트 카페이다. 제주하멜의 메뉴는 단 하나, 수제 치즈케이크이다. 맛은 더없이 달콤하고 부드럽다. 디저트가 대개 그렇듯 여성 여행자들이 많이 찾는데, 초창기보다는 덜 하지만 여전히 인기가 놀라울 정도이다. 오픈 시간 이전에 도착해 대기 후 사는 게 제일 편하다. 오전 11시 오픈이지만, 대기 손님이 많으면 10시 30분쯤 문을 연다. 오픈 시간에 맞추지 못했다면, 매장에 직접 방문해 예약자 명부에 등록한 후 정해진 시간과 날짜에 다시 매장에 가야 한다. 여행자가 몰리는 성수기엔 하루 이틀 전에 예약해야 구매할 수 있다. 대기 구매든 예약 구매든, 한 사람당 1팩만 구매할 수 있다. 카페는 공항에서 자동차로 10분 거리인 노형동에 있다. 1팩에 치즈케이크 8개가 들어있다. 가격은 17,000원이다.

ONE MORE **주변 맛집**

도갈비 흑돼지오겹살, 흑돼지목살, 꽃멸젓볶음밥
◎ 제주시 한라대학로 85 ☏064-712-5330 ◷ 17:00~22:00(화요일 휴무)

한림칼국수 제주공항점 보말칼국수, 영양보말죽, 닭한마리칼국수
◎ 제주시 광평중길 82 ☏064-749-9920 ◷ 08:00~15:00(일요일 휴무)

콜로세움

Cafe & Bakery

제주시 민오름길 14 064-744-8889 매일 09:30~21:30
커피, 케이크, 크로플 ₩ 1인 10,000~20,000원 전용주차장 @cafe_colosseum

숲속에 숨은 베이커리 카페

제주시에 베이커리 카페가 제법 많지만, 콜로세움만큼 입지가 좋은 곳은 드물다. 시내 중심가에 위치해서 그런 게 아니라 자연이 카페를 포근하게 감싸고 있어서 입지가 좋다는 뜻이다. 오라2동의 민오름 기슭에 자리를 틀었는데, 말 그대로 카페가 숲속에 폭 안겨있다. 숲의 향기에 고소한 빵과 커피 냄새가 더해져 카페에 들어서자마자 저절로 기분이 좋아진다. 규모가 크고 빵도 맛있지만, 무엇보다 여행자들이 스케줄을 바꿀 만큼 분위기가 정말 좋다. 창가에 앉으면 푸른 숲이 여행자를 반긴다. 숲이 곧장 유리창 안으로 들어올 기세다.

빵은 1층에서 굽는다. 통유리 너머로 빵 굽는 모습을 직접 볼 수 있다. 아침마다 빵을 굽는데, 모든 빵은 당일 판매를 원칙으로 삼고 있다. 메뉴도 제법 다양하다. 케이크부터 크로플과 에그타르트까지, 웬만한 빵은 다 갖췄다. 갓 구운 빵으로 브런치를 즐기는 사람도 꽤 많은 편이다. 무엇보다 테이블을 널찍널찍하게 배치해 편안하게 여유를 즐기기 좋다. 당일 판매하고 남은 빵은 푸드뱅크에 기부한다.

ONE MORE **주변 명소와 맛집**

민오름 제주시 오라2동 산12

노조미 왕새우튀김우동, 돈가스우동정식, 텐붓가케우동
제주 제주시 국기로2길 2-3 0507-1429-0730
10:30~20:30(월·화 휴무)

앞뱅디식당 멜국, 멜조림, 각재기국
제주시 선덕로 32 064-744-7942
09:00~21:00(일요일 09:00~14:00, 연중무휴)

그러므로 Part 2

Cafe & Bakery

제주시 수목원길 16-14 070-8844-2984 10:30~21:00(월요일 휴무)
메리하하, 마들렌, 에그타르트, 케이크 ₩ 1인 10,000~20,000원 전용주차장 @glomuro_coffee

넓은 정원이 있는 수목원 옆 카페

제주의 감성이 흐르는 돌담, 잔디밭과 유채꽃밭, 전용 주차장, 갤러리 같은 건물, 여유로운 테이블 배치, 여기에 맛있는 커피와 디저트. 그러므로 Part 2는 인기 좋은 카페의 조건을 거의 모두 갖추고 있다. 그러므로 Part 2는 한라수목원 가는 길에 있다. 수목원길 진입로에서 오른쪽으로 방향을 돌려 50m쯤 들어가면 넓은 터에 자리 잡은 갤러리 같은 카페가 나타난다. 진입로엔 잔디와 얇은 돌을 깔았다. 차에서 내리면 키 낮은 돌담이 카페로 안내한다.

카페는 간결미를 한껏 드러낸 회색 벽돌 건물이다. 모던하면서도 따뜻한 느낌을 준다. 실내는 테이블 사이에 간격을 두어 여유가 넘친다. 그러므로 Part 2의 시그니처 메뉴는 '메리하하'이다. 일종의 차가운 커피인데, 한 모금 길게 마시면 부드러운 우유 맛과 고소한 커피 맛을 차례로 느낄 수 있다. 우리에게 익숙하지 않은 차가운 커피여서 그럴까? 호불호가 조금 갈리는 편이다. 타르트, 케이크, 마들렌 등 디저트도 제법 다양하다. 이 중에서 블루베리 타르트 인기가 좋다. 날씨가 좋으면 제주의 자연을 느끼며 야외에서 마시길 권한다. 유채꽃이 피는 계절이면 더욱 그래야 한다.

ONE MORE **주변 명소와 맛집**

한라수목원 제주시 용두암길 15

수목원길 야시장 제주시 은수길 69 064-742-3700

연우네 연우네정식, 녹차들깨수제비, 야채비빔밥
제주시 은수길 110 064-712-5646 매일 11:00~21:00(브레이크타임 15:00~16:00)

포도원흑돼지 흑돼지모듬, 흑돼지오겹살
제주시 1100로 3155 064-745-0880 매일 11:00~22:00(브레이크타임 15:00~16:00)

오드씽

Cafe & Bakery

제주시 고다시길 25 070-7872-1074 10:00~00:00(카페는 20:00까지)
커피, 크루아상, 파스타, 피자, 맥주 ₩1인 10,000~30,000원
전용주차장 반려동물 동반가능 @oddsing_jeju

낮에는 카페, 밤에는 분위기 좋은 펍

애월읍과 조천읍을 잇는 애조로애월조천로 중간, 제주시 오등동에 있는 카페이다. 카페 이름은 옆에 있는 오드싱오름에서 따왔다. 2층으로 지은 붉은 벽돌 건물이 인상적인데, 카페 규모에 놀라고 분위기에 한 번 더 놀란다. 우선 카페가 무척 크다. 야외에는 넓은 잔디밭과 풀장이 있는데, 여름에는 수영장도 이용할 수 있고, 밤에는 풀파티가 열린다. 카페 안으로 들어서면 내부가 마치 유럽의 성당에 온 것처럼 웅장하다. 1층과 2층 일부를 통으로 터서 그런 느낌이 더 강하게 든다.

오드씽은 카페이자 펍이다. 오후 8시까지는 카페로 운영하고, 그 이후부터 24시까지는 분위기 좋은 펍으로 변모한다. 카페라테부터 흑임자아인슈페너까지 커피 종류가 다양하다. 베이커리 메뉴도 많아서 와플, 크루아상, 에그타르트 등 여러 가지 디저트를 즐길 수 있다. 샐러드, 피자, 스튜, 토스트, 파스타 등 브런치 메뉴도 제법 잘 갖추고 있다. 브런치 메뉴는 오전 10시부터 오후 3시까지 주문할 수 있다. 주류도 맥주, 칵테일, 위스키까지 두루 마실 수 있다. 저녁 8시 이후엔 음악 공연이 열리기도 한다. 가끔 플리마켓이 열린다. 반려동물 동반자를 위해 펫존을 갖추어 놓았다.

ONE MORE 주변 명소와 맛집

제주대 벚꽃길 제주시 제주대학로 102

제주대 은행나무길 제주시 제주대학로 64-29

쿠쿠아림 돈가스, 크림돈가스, 파스타
제주시 아란4길 93 1층 064-751-6645 매일 11:00~21:00(브레이크타임 15:30~17:30)

스시테이카이센동 2호점 카이센동, 우니도로동, 우니전복동
제주시 연북로 440 064-727-7272 매일 12:00~20:30(브레이크타임 14:30~18:00, 일요일 휴무)

미스틱3도

제주시 1100로 2894-49 064-743-2905, 0507-1312-2905 매일 09:00-20:00
차차크림라떼, 당근케이크 ₩ 10,000원~20,000원 전용주차장 @mystic3_cafe

한라산 아래 멋진 정원에서 커피 즐기기

미스틱3도는 '도깨비도로'로 알려진 신비의 도로 옆에 있는 초대형 카페다. 인스타 감성과 넓은 조각 정원까지 갖췄다. 5,000평 규모의 조각 공원을 거닐다 보면 대부호의 개인 정원을 구경하는 듯한 착각을 불러일으킨다. 따뜻한 분위기의 1층과 한라산이 한눈에 펼쳐지는 루프톱 그리고 정원 곳곳에 설치된 야외 테이블에서 커피를 마실 수 있다. 날씨가 좋은 날이면 한라산이 손에 잡힐 듯 가까이 다가온다. 푸른 정원 앞 테이블은 커피를 마시며 대화를 나누는 사람들로 북적인다.

커피 타임이 끝났다면 넓은 정원을 거닐어 보자. 도깨비도로 명성 때문일까? 정원에서는 다양한 표정을 보여주는 귀여운 도깨비 친구들을 만날 수 있다. 아이들과 동행했다면 정원에서 귀엽게 노닐고 있는 포니에게 먹이주기 체험을 해도 좋다. 정원은 눈으로 보이는 것보다 막상 걸어보면 훨씬 넓고 다양한 테마로 구성되어 있다. 정원에서 작은 제주를 만나는 기분이 든다. 공항에서도 가까워 제주를 떠나기 전 멋진 풍경을 감상하며 여유롭게 여행을 되새기기 그만이다. 정원에서 멋진 인증 사진을 찍는 것도 잊지 말자.

ONE MORE 주변 명소와 맛집

제주특별자치도립미술관 제주시 1100로 2894-78 064-710-4300

신비의도로 제주시 노형동 291-17

제주예찬 은갈치조림, 흑돼지갈비찜, 고등어구이
제주시 1100로 2997 064-746-0403 매일 09:00~21:00(브레이크타임 15:00~17:00)

포도원흑돼지 흑돼지모듬, 흑돼지오겹살
제주시 1100로 3155 064-745-0880 매일 11:00~22:00(브레이크타임 15:00~16:00)

외도339

Cafe & Bakery

제주시 일주서로 7345 064-748-0339 매일 09:00~22:00(주문 마감 21:30)
커피, 말차라테, 청귤차, 빵 ₩10,000원~20,000원 전용주차장 @oedo339_jeju

© 송인희

프리마켓과 버스킹이 열리는오션 뷰 카페

제주시 서쪽 끝 외도2동에 있는 오션 뷰 베이커리 카페이다. 마당에 노래놀이터가 있고 반려동물도 같이 갈 수 있어서 처음엔 도민들이 즐겨 찾았는데 차츰 유명세를 타더니 이제는 여행자가 더 많이 찾는다. 외도339의 가장 큰 매력은 카페 앞으로 펼쳐지는 에메랄드빛 바다다. 산책로 말고는 가리는 게 없어서 눈을 돌리면 제주의 에메랄드빛 바다가 선물처럼 펼쳐진다.

외도339에선 커피와 차, 음료를 두루 즐길 수 있다. 베이커리 카페답게 빵 맛도 평이 좋은 편이다. 팡도르, 치아바타, 페스츄리, 포카치아, 스콘, 타르트 모든 빵을 천연효모 발효로 반죽하여 만든다. 커피, 음료, 차 메뉴도 제법 다양하다. 외도 339의 또 다른 매력은 아이, 반려동물과 같이 가기 좋은 점이다. 마당 한편에 모래놀이터가 있는데, 아이들이 시간 가는 줄 모르고 논다. 반려동물은 실내에서는 전용 케이지에 넣어야 입장할 수 있다. 밖에서는 리드 줄을 달면 자유롭게 이용할 수 있다. 잔디밭 바로 앞은 연대포구 해안 산책길과 이어진다. 종종 마당에서 프리마켓과 버스킹이 열린다.

ONE MORE **주변 명소와 맛집**

이호테우해수욕장 제주시 이호일동 1665-13

조랑말등대 제주시 도리로 20

사방팔방 삼치회, 모듬회, 고등어회

제주시 우정로10길 12 064-743-4080 16:30~22:00(2·4주 일요일 휴무)

신의 한모 아게다시도후, 새우와게장두부덮밥, 와사비크림새우두부

제주시 애월읍 하귀14길 11-1 064-712-9642 11:30~21:00(브레이크타임 15:00~17:30, 월요일 휴무)

스테이위드커피

Cafe & Bakery

제주시 해안마을5길 29 070-4400-5730 매일 9:00~18:00(마지막 주문 17:30)
핸드드립커피 ₩ 1인 7,000~15,000원 전용주차장 @staywithcoffee

커피에 진심인, 그리고 여유를 감각하기 좋은

제주시 해안동에 있는 핸드드립 커피 전문점이다. 10여 년간 운영해온 사계 해안에 있던 카페를 마감하고 2021년에 이곳으로 이전했다. 커피에 대한 진심은 그대로 옮겨왔고, 분위기는 한층 더 깊어졌다. 스테이위드커피에서는 20여 가지의 원두를 만날 수 있다. 원두를 맛과 향, 원산지 등 다양한 카테고리로 소개한다. 직접 시향 해보고 선택할 수 있어 더욱 매력적이다. 손님이 커피를 선택하면 원두의 특성과 풍미를 최대한 살려 핸드드립으로 내린다. 원두의 품종, 향미 등에 관한 설명을 담은 안내지를 함께 내온다. 작은 것 같지만 커피 안내지 덕에 첫 향부터 마지막 한 모금까지 커피를 다채롭게 감각할 수 있다. 3개 층으로 구성된 내부는 테라스, 작은 정원, 중정과 어우러져 편안한 분위기를 연출해준다. 핸드드립 커피 외에도 한라봉 에이드, 제주말차라테 등 다양한 음료를 즐길 수 있다. 디저트도 더불어 즐길 수 있는데, 햄과 버터로 바게트 속을 꽉 채운 잠봉뵈르가 특히 훌륭하다. 제주공항에서 차로 약 20분 거리에 있어 여행의 시작과 끝에 들르기에 좋다.

ONE MORE **주변 명소와 맛집**

항파두리항몽유적지 제주시 애월읍 항파두리로 50

애월벚꽃거리 제주시 애월읍 광성로 61-1

한라수목원 제주시 수목원길 72

신의한모 아게다시도후, 새우와게장두부덮밥, 와사비크림새우두부

제주시 애월읍 하귀14길 11-1 064-712-9642 11:30~21:00(브레이크타임 15:00~17:30, 월요일 휴무)

문동일셰프의 녹차고을 들깨녹차칼국수, 흑돼지떡갈비, 고사리육개장

제주시 애월읍 하귀동남4길 13-1 064-712-1780 09:30~17:00(화요일 휴무)

숙성도 노형본관 교차숙성흑돼지, 720숙성삼겹

제주시 원노형로 41 064-711-5212 매일 11:00~23:00(주문 마감 22:00)

커피템플

Cafe & Bakery

제주시 영평길 269 070-8806-8051 매일 10:00~22:00(첫째 화요일 휴무)
에스프레소, 탠저린라테, 탠저린카푸치노 ₩ 1인 10,000원 전용주차장 @coffeetemple_jeju

카페가 귤밭 안으로 들어왔다

제주시 남동쪽 영평동의 감귤농장 중선농원 안에 있다. 귤림추색영주십경의 하나로, 귤빛에 물드는 가을 제주의 아름다움을 이르는 말의 낭만을 느끼며 맛있는 커피를 마시기에 커피템플 만한 곳도 없다. 2016년 한국 바리스타 챔피언 출신인 김사홍 씨가 운영하는 곳인 까닭이다. 중선농원은 50년이 넘은 감귤농장이다. 감귤 창고와 농장 건물을 리모델링해 카페와 갤러리, 작은 도서관으로 새롭게 탄생시켰다. 커피를 마시고 예술품 감상하며 더불어 책을 가까이할 수 있는 멋진 곳이다.

커피템플은 제주 특유의 감귤 창고 느낌을 잘 살렸다. 모던한 듯 빈티지 느낌이 들어 독특하고 새롭다. 시그니처 메뉴는 탠저린 카푸치노이다. 부드럽고 달큼한 카푸치노 거품, 감귤의 과즙과 향이 조화롭게 어울려 입안을 감싼다. 슈퍼클린에스프레소, 유자아이스 아메리카노, 탠저린라테 등도 인기가 많다. 케이크, 브라우니, 잠봉뵈르 같은 디저트도 같이 즐길 수 있다. 날이 좋은 날이면 안보다 야외 테이블을 선택하길 권한다. 하귤나무, 동백나무 아래서 커피를 마시는 느낌이 퍽 낭만적이다.

ONE MORE **주변 명소와 맛집**

제주대 벚꽃길 제주시 제주대학로 102

제주대 은행나무길 제주시 제주대학로 64-29

도르다이닝 옥돔스테이크, 문어파스타, 런치코스, 디너코스

제주시 인다2길 65 0507-1325-5017

12:00~21:30(브레이크타임 14:30~17:30, 일요일 휴무)

미쿠니

Cafe & Bakery

제주시 서흘길 41 010-4104-4478 11:00~22:00(일요일·공휴일 12:00~21:00)
카페라테, 에그타르트, 스콘, 딸기크림슈 ₩ 1인 10,000원 카페 옆 돌담 아래 주차 @mikuni_jeju

삼양해변 옆 아담한 디저트 카페

삼양검은모래해변 옆 기름선착장 앞에 있는 아기자기한 감성 카페다. 커피와 디저트가 맛있기로 소문이 나서 사람들의 발길이 끊이지 않는다. 올레 18코스 탐방로가 카페 앞으로 지나 올레꾼들도 즐겨 찾는다. 작은 카페지만 가구와 소품 등 실내 장식 하나하나가 다 운치가 넘친다. 카페는 1층과 2층으로 나누어져 있는데, 1층과 2층의 실내 분위기에 변화를 준 점이 인상적이고 매력적이다. 게다가 카페 앞은 푸른 바다다. 특히 2층 창가 자리에 앉으면 삼양 앞바다를 감상할 수 있어서 늘 인기가 많다.

미쿠니의 커피와 수제 밀크티, 그리고 디저트는 이미 소문이 꽤 나 있는 편이다. 특히 디저트는 프로파티시에와 협업으로 만드는데, 종류도 제법 다양하다. 스콘, 타르트, 케이크, 크림을 듬뿍 얹은 플랫화이트와 우도땅콩다쿠아즈 등 달콤하고 부드러운 메뉴가 가득하다. 도민들이 먼저 맛을 알아보았으나 지금은 꽤 유명해져서 여행자가 더 많이 찾는다. 카페 앞 기름선착장 바로 옆엔 샛도리물이라는 용천수 풀장이 있다. 여름엔 아이들이 흥겹게 수영과 물놀이를 즐긴다.

ONE MORE 주변 명소

삼양해수욕장 제주시 삼양이동 1960-4

샛도리물 용천수 풀장 제주시 삼양일동 1938-3

에오마르

Cafe & Bakery

제주시 선사로8길 13-6 0507-1357-2412 매일 09:00~21:00
커피, 음료, 베이커리 ₩ 1인 10,000원 전용주차장

삼양해변의 오션 뷰 베이커리 카페

삼양해수욕장 바로 앞에 있는 바다 전망 베이커리 카페이다. 에오마르는 포르투갈어로 '그리고 바다'라는 뜻이다. 이 주변에서 규모가 제일 크고 바다 전망도 가장 좋다. 무엇보다 카페가 해수욕장의 모래사장에 근접해 있어서 가까이에서 푸른 바다를 감상하기 좋다. 카페는 모두 3층인데, 엘리베이터를 설치해 무거운 캐리어를 들고 오르내리지 않아서 좋다. 층고가 높아 개방감이 좋고, 창문이 통창이어서 전망이 남다르다. 테이블 간격도 넓어서 좋다. 날이 따듯할 때면 서핑을 하는 사람들을 구경하는 일도 재밌다. 해가 질 무렵엔 석양이 무척 아름답다.

에오마르는 커피와 빵에 제주의 자연과 문화를 담는다. 블랙라테와 블랙 모카는 삼양해수욕장의 검은 모래에서 영감을 얻어 개발했다. 현무암과 갯바위를 닮은 빵도 있다. 베이커리 카페답게 빵과 디저트가 다양한데, 모든 빵에 천연 버터와 동물성 크림을 사용한다. 바게트, 캄파뉴, 팡도르, 마카롱, 에그타르트, 크루아상 등을 즐길 수 있다. 에스프레소, 아메리카노, 허브차, 다양한 에이드와 스무디도 마실 수 있다.

ONE MORE 주변 명소

삼양해수욕장 제주시 삼양이동 1960-4

샛도리물 용천수 풀장 제주시 삼양일동 1938-3

PART 3
서부권

애월읍·한림읍 카페
한경면·대정읍·안덕면 카페

Cafe & Bakery

서부권 카페 지도
애월항
리치망고
레이지펌프
하이엔드제주
카페노티드제주
몽상드애월
까미노
봄날
연화지
보나바시옴 애월점
곽지해수욕장
애월더선셋
애월빵공장앤카페
1136
영국찻집
한림항
비양도
우무
앤트러사이트 한림
호텔샌드
협재해수욕장
파라토도스
한림공원
명월국민학교
한림읍
울트라마린
새별오름
오지힐 제주
1116
1120
금오름
신창풍차해안
성이시돌목장
우유부단
클랭블루
제주현대미술관
김창열미술관
정물오름
산노루 제주점
1136
한경면
차귀도
오설록티뮤지엄
신화월드
수월봉
산양큰엉곶
안덕면
풀베개
벨진밧
청춘부부
미쁜제과
1132
어린왕자감귤밭
마노르블랑
대정읍
더리트리브
엘파소
산방산
인스밀
원앤온리
카페루시아 본점
뷰스트
하늘꽃
송악산

과두리 항몽유적지
너와의첫여행
마마롱
이너프
퍼시몬
1117
35
블리스풀
이드브레드
1139
한라산 백록담
교회
서귀포자연휴양림
본태박물관
1115
힐
서귀포시
1136
중문관광단지

리치망고 애월본점

Cafe & Bakery

제주시 애월읍 애월해안로 272 070-4243-5959 10월~3월 10:00~18:30, 4월~9월 10:00~20:00(연중무휴)
망고쉐이크, 블루베리밀크쉐이크, 한라봉쉐이크, 한치빵 ₩ 1인 10,000원 전용 주차장
반려동물 동반가능, 도내 지점 다수(도두해안로점, 함덕점, 협재점, 하도점, 쇠소깍점, 대정점, 우도검멀레점, 신화월드점, 월정점), 지점별 운영시간 상이 @jejurichmango

제주 망고주스의 원조

애월읍 고내포구 근처 애월해안로에 있다. 노란 건물이 멀리서도 눈에 띈다. 건물만 보면 우리나라가 아니라 미국 로스앤젤레스나 동남아시아 휴양지에 있는 주스 가게 같다. '망고레이'와 함께 제주에 망고주스 유행을 만든 원조이다. 올레길 걷기 열풍과 함께 유명해졌다. 빨갛고 파란 도마뱀이 망고를 향해 다가가고 있는 듯한 표지판이 눈길을 끈다. 이곳은 특이하게 유명한 연예인 이름표를 대기표로 준다. 주문하고 얼마 지나면 "조인성 님~, 손예진 님~, 주문하신 OOO 나왔습니다." 하고 불러주는 식이다. 잠시나마 연예인이 되어 보는 재미를 느낄 수 있다. 대표 메뉴는 망고쉐이크이고, 그 외 다양한 종류의 과일 쉐이크도 판매한다. 달콤하고 머릿속까지 시원해지는 망고쉐이크를 마시면 금세 더위를 잊을 수 있다. 한치빵과 제주의 특산물을 이용한 다양한 디저트도 판매한다. 선물용으로 하나 구매해도 좋겠다.

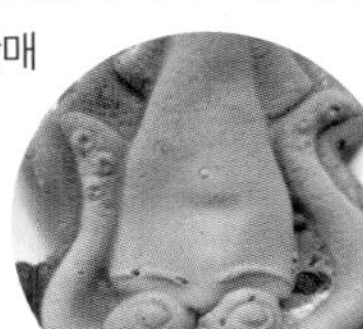

ONE MORE **주변 명소와 맛집**

애월해안로 제주시 애월읍 애월해안로 991

장인의집 수제4색만두전골, 4색모둠만두
제주시 애월읍 애월로19길 31 064-799-1610 매일 09:00~22:00(주문 마감 21:00)

까미노

Cafe & Bakery

◎ 제주시 애월읍 고하상로 91-12 ☏ 064-799-9789 ◷ 10:30~20:00(주문 마감 19:00)
₩ 1인 10,000원 🚗 전용 주차장 ⓘ 반려동물 동반가능 ⓞ @lifeman21

힐링하기 딱 좋은 들판 뷰 카페

해변의 오션 뷰 카페는 풍경은 좋지만, 늘 사람들로 붐비는 단점이 있다. 부산한 바다 전망 카페에서 벗어나 조용히 여유를 즐기고 싶다면 애월읍 하가리에 있는 까미노로 가자. 까미노에선 통유리로 너머로 바다 대신 제주의 들녘을 만날 수 있다. 이곳에선 시간이 천천히 흐른다. 동네는 조용하고, 카페는 여유가 넘친다. 제주의 평화로운 풍경을 즐기며 힐링하기 딱 좋은 곳이다. 주변 풍경과 카페를 보는 순간 천천히 여유를 부리고 싶어진다. 세상에서 가장 편안한 자세로 느긋하게 책을 읽거나 음악을 듣기에 안성맞춤이다. 하늘이 맑은 날도 좋지만, 비가 오는 날엔 더 괜찮은 곳이다. 대지가 촉촉하게 젖는 모습을 보고 있으면 저절로 마음이 편안해진다. 까미노의 커피 맛도 일품이다. 메뉴 선정이 어렵다면 주인이 추천해주는 커피와 음료, 디저트를 선택해도 좋다. 연꽃이 아름다운 연화지와 형형색색 학교 건물이 눈에 띄는 더럭초등학교에서 가깝다.

ONE MORE **주변 명소와 맛집**

연화지 ◎ 제주시 애월읍 하가리 1569-2

모들한상 모들돈가스, 모들파스타, 고사리보말파스타
◎ 제주시 애월읍 하가로 180 ☏ 070-7576-3503 ◷ 11:00~19:00(브레이크타임 15:30~17:00, 수요일 휴무)

인디언키친 양갈비, 탄두리치킨, 새우커리
◎ 제주시 애월읍 애원로 191 ☏ 064-799-5859 ◷ 매일 11:30~21:00(주문 마감 20:30)

레이지펌프

Cafe & Bakery

제주시 애월읍 애월북서길 32 0507-1325-8732 매일 09:00~20:00(주문 마감 19:30)
커피, 음료, 케이크 ₩ 1인 10,000원~20,000원 전용 주차장 @lazy_pump

© 문신기

루프톱 전망대가 있는 빈티지 카페

애월카페거리 바닷가에 있다. 물고기를 키우는 양어장의 오래된 펌프장 건물을 개조하여 카페로 만들었다. 레트로 풍 빈티지 카페로 첫인상부터 시선을 끌어들인다. 외관은 작은 공장 건물처럼 투박하고 근육질이 느껴진다. 실내는 옛 건물의 콘크리트 질감을 그대로 살렸다. 3층 건물을 모두 카페로 사용하는데, 층마다 인테리어 콘셉트가 달라 구경하는 재미가 쏠쏠하다.

1층은 지대가 조금 낮아 반지하 같은 느낌을 준다. 1층에도 테이블이 있지만 대부분 커피와 음료를 주문한 뒤 바다를 구경할 수 있는 2층으로 올라간다. 2층엔 바다를 배경으로 사진을 찍을 수 있는 포토존이 있다. 빈티지 이미지 흐르는 색다른 사진을 얻을 수 있다. 3층은 루프톱인데, 카페 중에서 가장 독특한 공간이다. 원래는 해수를 보관하던 장소였는데, 그때의 흔적을 그대로 보존해 인상적이다. 커피를 마실 수 있지만 대부분 사진을 찍기에 여념이 없다. 카페 앞으로 한담해변 산책로가 있는데 이 길을 따라 조금 내려가면 한담해변이 나온다. 이른 아침부터 문을 열며, 베이커리도 판매한다.

ONE MORE **주변 명소와 맛집**

한담해변 제주시 애월읍 애월로 11(애월한담공원)

장인의집 수제4색만두전골, 4색모둠만두
제주시 애월읍 애월로19길 31 064-799-1610
매일 09:00~22:00(주문 마감 21:00)

애월은혜전복 전복돌솥밥, 전복뚝배기, 전복죽
제주시 애월읍 애월로1길 24-3 064-799-9060
매일 09:40~20:00(주문 마감 19:00)

카페노티드 제주

Cafe & Bakery

제주시 애월읍 애월로1길 24-9 070-4415-9377 매일 10:00~20:00
우유생크림도넛, 클래식바닐라도넛, 제주청귤도넛·제주녹차도넛(제주 한정) ₩ 1인 10,000원 안팎
몽상드애월 주차장(영수증 지참 시 50% 할인) 반려동물은 지정 자리에서만 동반가능 @cafeknotted

© 이다연

한담해변에 부는 도넛 열풍

노을 명소로 유명한 한담해변에 있다. 귀여운 스마일 캐릭터로 유명하다. 도넛은 설탕 범벅이라는 고정관념을 깬 덕에 젊은 소비자들 사이에 도넛 열풍을 몰고 온 브랜드이다. 서울의 여러 지점이 그렇듯 제주점도 웨이팅이 기본일 만큼 인기가 많다. 카페는 두 건물로 나뉘어 있는데 하나는 매장 이용자 전용, 하나는 픽업 전용이다. 곳곳에 포토존이 있어 사진 찍는 재미가 쏠쏠하다. 도넛엔 부드러운 크림이 가득하고, 맛은 달큼함과 담백함 사이에 있다. 우유생크림도넛, 딸기크림도넛, 제주청귤도넛, 제주녹차도넛 등 종류가 다양하다. 음료는 커피, 밀크티 등을 즐길 수 있다.

녹차도넛과 청귤도넛은 제주점에서만 판매한다. 녹차도넛은 쌉싸름한 맛과 달콤한 크림 맛이 조화를 이룬다. 제주청귤도넛은 단 듯 상큼하다. 스콘, 크로플, 크로와상, 부라우니도 즐길 수 있다. 예약은 카카오톡 플러스친구 '카페 노티드 제주'로 하면 된다. 네이버를 통해서도 할 수 있다. 다만 네이버는 매장 상황에 따라 주문창을 오픈한다. 예약 상품은 당일 픽업이 기본이다. 도넛 관련 굿즈도 판매한다. 주차는 몽상드애월 주차장에 하면 된다. 주차료는 4천 원인데, 5만 원 이상 구매하면 50% 할인해준다.

ONE MORE **주변 명소와 맛집**

한담해변 제주시 애월읍 애월로 11(애월한담공원)

장인의집 수제4색만두전골, 4색모둠만두

제주시 애월읍 애월로19길 31 064-799-1610 매일 09:00~22:00(주문 마감 21:00)

다운타우너 제주애월 베이컨치즈버거, 아보카도버거, 크리스피치킨버거

제주시 애월읍 애월로1길 24-9 제1동 1층 0507-1315-0160 매일 10:00~20:00(마지막 주문 19:00)

애월은혜전복 전복돌솥밥, 전복뚝배기, 전복죽

제주시 애월읍 애월로1길 24-3 064-799-9060 매일 09:40~20:00(주문 마감 19:00)

하이엔드제주

Cafe & Bakery

제주시 애월읍 애월북서길 56 070-4548-4433 매일 09:00~22:00(주문 마감 21:20)
카페라테, 청귤에이드, 디저트 ₩ 1인 10,000원 전용 주차장

오션 뷰 루프톱 카페

봄날, 레이지펌프, 몽상드애월, 카페노티드와 더불어 한담해변의 애월카페거리에 있다. 외관이 아름다워 카페 거리에서 단연 눈에 띈다. 새하얀 외관이 마치 에게해나 지중해에 있는 작은 리조트를 연상시킨다. 봄날과 몽상드애월보다 뒤늦게 등장했으나 아름다운 건물과 바다가 보이는 루프톱 덕분에 오픈하자마자 핫 스폿으로 떠올랐다. 야외 카페, 실내카페, 루프톱 카페를 두루 갖추고 있다. 카페로 들어서면 애월의 푸른 바다가 축복처럼 펼쳐진다. 루프톱에선 더 좋은 전망을 즐길 수 있다. 날이 좋은 날엔 야외 카페를 추천한다. 바다를 더 가까이에서 즐길 수 있고, 야외에 앉아 푸른 바람을 맞는 기분도 낭만적이다. 야자수가 있는 풍경은 외국 어느 휴양지의 멋진 카페에 온 듯하여 폴폴 여행 감성이 올라온다. 야외 조명이 많아 밤에는 더 낭만적이다. 한라봉빵, 땅콩젤라토 등 디저트도 다양하게 즐길 수 있다. 전기 콘센트 좌석을 따로 갖추고 있다.

ONE MORE 주변 명소와 맛집

한담해변 제주시 애월읍 애월로 11(애월한담공원)

다운타우너 제주애월 베이컨치즈버거, 아보카도버거, 크리스피치킨버거
제주시 애월읍 애월로1길 24-9 제1동 1층 0507-1315-0160 매일 10:00~20:00(마지막 주문 19:00)

하갈비국수 갈비고기국수, 갈비비빔국수
제주시 애월읍 애월북서길 52 2층 070-4543-2724 매일 09:00~19:00(주문 마감 17:00)

몽상드애월

Cafe & Bakery

◎ 제주시 애월읍 애월북서길 56-1 ☏ 010-4419-3431 ◷ 매일 10:30~19:00(주문 마감 18:30)
Ⓜ 돌코롬하크라테, 땅콩라테, 한라봉에이드 ₩ 1인 7,000~12,000원 🚗 전용 주차장 ⓘ @mongsant_aewol

이국적인 분위기, 눈앞에서 즐기는 푸른 바다

애월읍 한담해변의 애월카페거리에 있다. 오픈 당시 빅뱅의 지드래곤이 운영한다고 해서 GD카페로 불렸으나 현재는 운영자가 바뀌었다. 몽상드애월, 하면 오션 뷰가 곧바로 떠오를 만큼 이곳에서 바라보는 바다가 아름답다. 야외 카페에 앉으면 에메랄드빛 바다가 모두 당신 것이 된다. 해가 질 무렵엔 석양이 또 다른 장관을 연출한다. 내부는 초록초록한 그린테리어에 라탄 조명을 더해 이국적이고, 외부는 동남아의 유명 해변처럼 꾸며놓았다. 야자수와 모래 위에 놓인 선베드와 빈백이 한데 어우러져 있다. 파라솔 아래 선베드에 누워 이국적인 정취를 만끽해도 좋고, 하염없이 바다를 보며 일몰을 기다려도 좋다. 야외석은 칵테일 바 일월선셋, 리틀넥과 공동으로 사용한다. 어디까지가 카페인지 고민하지 말고 자유롭게 사용하면 된다. 주말에는 아기자기한 소품과 제주 기념품을 판매하는 플리마켓이 열리기도 한다.

ONE MORE **주변 명소와 맛집**

한담해변 ◎ 제주시 애월읍 애월로 11(애월한담공원)

다운타우너 제주애월 베이컨치즈버거, 아보카도버거, 크리스피치킨버거
◎ 제주시 애월읍 애월로1길 24-9 제1동 1층 ☏ 0507-1315-0160 ◷ 매일 10:00~20:00(마지막 주문 19:00)

애월은혜전복 전복돌솥밥, 전복뚝배기, 전복죽
◎ 제주시 애월읍 애월로1길 24-3 ☏ 064-799-9060 ◷ 매일 09:40~20:00(주문 마감 19:00)

봄날

Cafe & Bakery

제주시 애월읍 애월로1길 25 0507-1494-4999 매일 09:00~21:30
아메리카노, 콜드브루, 한라봉차 ₩ 1인 5,000~6,500원 전용 주차장 @jejubomnal

애월 바닷가의 로맨틱 카페

한담해변 근처 애월카페거리엔 오션 뷰를 자랑하는 카페가 여럿 모여있다. 그중에서도 카페 봄날은 이곳에 처음으로 문을 연 카페이자, 애월카페거리를 핫 플레이스로 만든 일등 공신이다. 카페 오픈 초반에는 도민들 사이에서 분위기 좋기로 입소문이 났지만, 드라마 <맨도롱또똣>에서 강소라와 유연석이 운영하는 카페로 나오면서 여행자들에게 '꼭 가보고 싶은 카페'가 되었다. 단언컨대, 카페 봄날은 드라마에서의 모습보다 인상적이다. 바닷가 바로 옆에 있어서 제주 바다를 오롯이 느낄 수 있다. 한낮에는 카페 뒤로 에메랄드 빛깔 바다가 펼쳐지고, 일몰 시간대엔 로맨틱한 분위기가 차오른다. 오랜 시간 가꾸어 온 카페 안팎에는 따스한 정취가 스며들어 있다. 여러 가지 커피 메뉴와 한라봉차, 감귤밀크티 등 다양한 음료와 디저트를 즐길 수 있다. 엽서, 컵, 원두 등 기념품도 판매한다. 음료 주문 후에 내부로 들어갈 수 있다.

ONE MORE **주변 명소와 맛집**

한담해변 제주시 애월읍 애월로 11(애월한담공원)

장인의집 수제4색만두전골, 4색모둠만두
제주시 애월읍 애월로19길 31 064-799-1610 매일 09:00~22:00(주문 마감 21:00)

하갈비국수 갈비고기국수, 갈비비빔국수
제주시 애월읍 애월북서길 52 2층 070-4543-2724 매일 09:00~19:00(주문 마감 17:00)

보나바시움 애월점

Cafe & Bakery

◎ 제주시 애월읍 애월로 27-1 ◷ 매일 10:00~20:00
Ⓜ 커피, 감귤주스, 레몬민트에이드 ₩ 1인 10,000원 이내 🚗 전용 주차장

애월의 오션 뷰 카페, 커피도 굿

봄날, 몽상드애월, 하이엔드제주처럼 애월읍 한담해변에 있는 오션 뷰 카페이다. 다른 점이 있다면, 애월카페거리의 부산함과 거리를 두려는 듯 몇십 미터 떨어져 있다는 것이다. 바다에 바싹 붙어 있지 않지만 그렇다고 미리 실망할 필요는 없다. 3층 건물 중 2층과 3층이 카페인데 서쪽으로 난 넓은 통창을 통해 애월 바다를 한눈에 담을 수 있다. 멀리 비양도까지 손에 잡힐 듯 다가온다. 3층은 2층보다 전망이 더 좋다. 바로 옆에서 보는 바다도 아름답지만 조금 뒤로 물러서 내려다보는 바다도 환상적이다. 인테리어가 깔끔하고, 테이블 간격이 넓어 여유가 흐른다. 대표 메뉴는 드립 커피다. 같은 건물 1층엔 아이언맨 도넛으로 유명한 랜디스도넛이 있다. 미국 로스앤젤레스에서 건너온 도넛이다. 많은 사람이 1층 매장에서 도넛을 산 뒤 보나바시움에서 커피와 같이 즐긴다.

ONE MORE **주변 명소와 맛집**

📷 **한담해변** ◎ 제주시 애월읍 애월로 11(애월한담공원)

🍴 **랜디스도넛 제주애월점** 초콜릿도넛, 글레이즈도넛, 슈가도넛
◎ 제주시 애월읍 애월로 27-1 ☏ 064-799-0610 ◷ 매일 10:00~19:00

🍴 **애월은혜전복** 전복돌솥밥, 전복뚝배기, 전복죽
◎ 제주시 애월읍 애월로1길 24-3 ☏ 064-799-9060 ◷ 매일 09:40~20:00(주문 마감 19:00)

애월더선셋

Cafe & Bakery

제주시 애월읍 일주서로 6111 A동 064-799-7177 매일 10:00~20:00(동절기 10:00~19:00)
샌드위치, 스파게티, 커피, 음료 ₩ 1인 10,000원 전용 주차장 @aewol_the_sunset

© 문신기

© 문신기

에메랄드빛 바다를 품은 브런치 카페

한담해변과 곽지해수욕장 사이, 애월더선셋리조트에 있다. 애월카페거리와 곽지해수욕장에서 자동차로 5분 이내 거리다. 한담해변과 일주서로를 끼고 있는 유명 카페가 그렇듯 이곳의 가장 큰 매력도 에메랄드빛 바다이다. 실내에서도 바다를 감상할 수 있지만, 날씨가 좋다면 무조건 야외 카페로 나가자. 카페 바로 아래는 걷기 코스로 유명한 한담해안산책로이다. 제주 올레 15코스의 일부인데, 공식적으로는 장한철산책로라 부른다. 야외 카페로 나가면 애월의 남빛 바다가 시야 가득 펼쳐진다. 카페 옆에 키가 큰 야자수까지 있어서 남국의 휴양지에 온 기분이 든다.

애월더선셋은 브런치 카페이다. 파스타, 샌드위치, 오믈렛, 샐러드, 토스트 등 메뉴가 다양하다. 아메리카노 커피가 포함된 세트 메뉴도 있다. 케이크와 애프터눈 티 같은 디저트도 있고, 커피와 음료도 제법 다양하다. 브런치와 디저트, 커피 대부분이 좀 비싼 편이지만, 비양도까지 눈에 들어오는 환상적인 오션 뷰를 보고 나면 용서가 된다. 야외 카페와 테라스의 수영장이 포토존이다.

ONE MORE 주변 명소와 맛집

한담해안산책로 제주시 애월읍 곽지리 1359

랜디스도넛 제주애월점 초콜릿도넛, 글레이즈도넛, 슈가도넛
제주시 애월읍 애월로 27-1 064-799-0610 매일 10:00~19:00

애월은혜전복 전복돌솥밥, 전복뚝배기, 전복죽
제주시 애월읍 애월로1길 24-3 064-799-9060 매일 09:40~20:00(주문 마감 19:00)

카페태희 피시앤칩스, 새우투김, 햄버거
제주시 애월읍 곽지3길 27 064-799-5533 매일 10:00~20:00(주문 마감 19:30)

애월빵공장앤카페

Cafe & Bakery

제주시 애월읍 금성5길 42-15 064-799-5959 매일 09:00~22:00(마지막 주문 19:30)

현무암쌀빵, 화산석쇼콜라, 치즈바케트, 한라봉무스 ₩ 1인 10,000원

전용 주차장 @jeju_dessert

오션 뷰 베이커리 카페

애월읍 곽지해수욕장 옆에 있는 베이커리 카페이다. 카페 규모가 무척 크다. 베이커리 카페 중에선 제주도에서 가장 크지 않을까 싶다. 텔레비전 예능 프로그램에 종종 등장하면서 금세 유명세를 탔다. 현무암쌀빵, 고구마빵, 화산석쇼콜라, 홍차라테, 한라봉무스 등 특이하고 제주 감성이 스며든 메뉴가 많다. 신선한 빵을 만들기 위해 방부제와 화학보존제를 사용하지 않는다. 유기농 밀가루를 사용하여 천연발효종으로 빵을 만든다. 건강한 빵을 만들기 위해 100% 순수 우유 버터와 무가당 생크림을 사용한다. 건강과 자연주의를 강조해서일까? 디저트 대부분이 신선하고 담백하다.

제주현무암쌀빵은 이름처럼 밀가루가 아니라 쌀가루로 만들었다. 달콤한 시럽과 고소한 호두, 쫀득한 치즈의 조화가 좋다. 고구마빵은 식감이 쫄깃해서 좋다. 고구마 앙금이 입맛을 은근히 자극한다. 홍차라테는 맛이 담백하고 부드러워 빵과 같이 먹기 좋다. 한라봉무스는 아주 앙증맞은 무스 케이크이다. 크기가 아이 주먹과 비슷하다. 빵지 순례로 손색이 없는 베이커리 카페이다.

ONE MORE 주변 명소와 맛집

곽지해수욕장 제주시 애월읍 곽지리 1565

카페태희 피시앤칩스, 새우튀김, 햄버거
제주시 애월읍 곽지3길 27 064-799-5533 매일 09:00~21:00

우미노식탁 딱새우아보카도간장젤리, 사시미
제주시 애월읍 금성5길 42-24 064-799-1343 매일 17:00~23:00(수요일 휴무)

버거요 제주본점 대게버거, 관자스테이크버거, 감자튀김
제주시 한림읍 귀덕11길 43 0507-1468-0220 매일 10:00~20:00(주문 마감 19:00)

마마롱

제주시 애월읍 평화로 2783 064-747-1074 10:00-19:00(월요일 휴무)
레몬타르트, 에클레어, 당근케이크, 딸기생크림케이크 ₩ 1인 10,000원~20,000원
전용 주차장 @mamarron_official

에클레어와 레몬타르트가 맛있는 디저트 카페

제주 서부에서 손꼽히는 디저트 카페이다. 제주시에서 서귀포로 가는 지름길인 평화로 옆에 있다. 제주공항에서 10km 거리이다. 카페 안팎 분위기가 우아하고 아늑하다. 디저트를 먹기에 아주 잘 어울린다. 정원이 딸려 있어서 더 좋다. 테이블은 창밖을 볼 수 있게 배치되어 있다. 진열대에는 감각적이고 예쁜 디저트들이 진열되어 있다. 먹기 아까울 정도로 예쁘고 탐난다.

인기가 많은 메뉴로는 레몬타르트, 에클레어, 당근케이크, 딸기생크림케이크를 꼽을 수 있다. 레몬타르트는 바싹한 타르트에 레몬 크림과 오렌지 콩피, 레몬 무스 케이크 등이 차곡차곡 올라가 있다. 새콤달콤한 디저트이다. 에클레어는 워낙 인기가 많아 이른 시간에 매진된다. 당근케이크는 티타임 대표 케이크로 최근 많은 사람이 찾는다. 음료 또한 감각적이고 맛이 뛰어나다. 날씨가 좋은 날에는 정원에서 햇살과 바람을 맞으며, 음료와 디저트를 즐길 수 있다. 제주에 올 때마다 가고 싶은 카페이다. 가끔 게릴라 플리마켓이 열린다.

ONE MORE 주변 명소와 맛집

항파두리항몽유적지 제주시 애월읍 항파두리로 50

아루요 나가사키짬뽕, 사케동, 가츠동

제주시 애월읍 유수암평화5길 15-8 064-799-4255

11:30~20:00(브레이크타임 14:30~17:30, 일요일 휴무)

우굼 바릇국수, 고기국수, 성게전복장비빔밥

제주시 애월읍 하소로 611-42 010-2973-9448

11:00~19:00 (목요일 16:30까지, 화·수 정기휴무)

이너프

Cafe & Bakery

제주시 애월읍 고성8길 33 064-746-8088 매일 10:30~18:00(주문 마감 17:30, 설날·추석 당일 휴무)
아이스크림라테, 흑임자라테, 토마토바질에이드, 옥수수아이스크림, 큐브파운드박스 ₩ 1인 10,000원
전용 주차장 1인 1메뉴 주문 원칙, 반려동물 동반 가능 @enough.jeju

이국적인 감성 카페

'하트시그널' 이라는 연애 프로그램으로 유명해진 카페로, 젊은 연인들이 많이 찾는다. 애월읍 고성리의 한적한 동네에 있는데, 사방이 탁 트여있어서 일상에서 벗어난 느낌을 즐겁게 받을 수 있다. 카페는 본관과 별관이 나누어져 있다. 본관은 카페 겸 아기자기한 소품과 기념품을 파는 가게이다. 커피와 디저트는 이곳에서 주문받는다. 카피와 디저트는 본관과 별관 두 곳에서 즐길 수 있다.

이너프는 영화에 나올법한 별관 건물 덕에 유명해졌다. 빨간 지붕과 하얀 벽이 예쁘고 아기자기하다. 이국적인 느낌이 물씬 풍긴다. 원래는 농기구 창고였으나 카페로 리모델링하였다. 내부는 따스하면서 아늑하다. 유리창을 통하여 금빛 햇빛이 카페로 들어온다. 밖으로는 제주의 밭과 돌담, 그리고 봄에는 살랑살랑 바람에 흔들리는 보리밭을 볼 수 있다. 감성 가득한 SNS 포토 스폿이다. 야외에도 제주 감성 물씬 풍기는 포토존이 여럿이라 예쁜 사진을 충분히 건질 수 있다. 디저트 메뉴 중 특히, 큐브파운드박스를 소개하고 싶다. 여러 가지 맛의 파운드 케이크를 조금씩 맛볼 수 있는 메뉴인데, 낱개로도 판매한다. 부드럽고 달콤하다.

ONE MORE **주변 명소와 맛집**

항파두리항몽유적지 제주시 애월읍 항파두리로 50

문동일셰프의 녹차고을 들깨녹차칼국수, 흑돼지떡갈비, 고사리육개장

제주시 애월읍 하귀동남4길 13-1 064-712-1780 09:30~17:00(화요일 휴무)

우굼 바릇국수, 고기국수, 성게전복장비빔밥

제주시 애월읍 하소로 611-42 010-2973-9448 11:00~19:00 (목요일 16:30까지, 화·수 정기휴무)

너와의첫여행

Cafe & Bakery

제주시 애월읍 장소로 16 0507-1448-6891 매일 10:00~18:00
아몬드크림라떼, 한라봉에이드, 청귤에이드(여름 한정) ₩1인 8,000원
전용 주차장 반려동물 동반 가능 @firsttripwithyou

제주 감성 가득한 귤밭 카페

돌창고와 감귤밭. 제주다운 모습이 매력적인 카페이다. 항파두리항몽유적지 근처 애월읍 장전리에 있다. 돌창고를 개조한 카페 안팎에 라탄 조명, 실내 파라솔, 빈티지 소품 등으로 멋을 더했다. 인생 샷 맛집답게 아기자기하고 제주 감성이 넘쳐흐른다. 달콤하고 진한 아몬드크림라테와 상큼한 벚꽃에이드가 시그니처 메뉴이고, 직접 재배한 한라봉과 청귤로 만든 에이드도 추천할 만하다. 소금빵, 크로플 등 간단한 디저트도 마련되어 있다.

카페 뒤편의 마당과 감귤밭은 그네와 야외 테이블이 있는 포토존이다. 그중에서도 카페 건물 왼편에 있는 메밀밭도 놓쳐서는 안 되는 포토존이다. 감귤이 열리는 10월 중순에서 12월 중순에는 감귤 따기 체험을 할 수 있다. 체험비는 5,000원이고, 음료 주문 시에 신청하면 된다. 1인당 수확 개수가 제한된다. 카페가 왕벚꽃 축제가 열리는 장전리에 있다. 봄이라면 장전리 사거리로 나가 벚꽃 축제도 같이 즐겨보자. 즐길 거리가 많은 곳이니 시간 여유를 갖고 방문하는 것을 추천한다.

ONE MORE 주변 명소와 맛집

항파두리항몽유적지

제주시 애월읍 항파두리로 50

애월연어 스노우초밥, 불땡이초밥, 연어한판

제주시 애월읍 하소로 660 064-799-5300

11:00~21:00(브레이크타임 15:00~17:00, 일요일 휴무)

모리노아루요 카이센동, 메로동, 토리라멘

제주시 애월읍 하소로 769-58 064-799-4253

11:30~20:00(브레이크타임 14:30~18:00, 일요일·공휴일 휴무)

카페 퍼시몬

Cafe & Bakery

제주시 애월읍 하소로 611-6 010-8367-7817 11:30~18:00(목요일 휴무)
소보로크림라테, 버터크림라테, 테린느, 다쿠아즈, 크로플 ₩ 1인 10,000원
전용 주차장 반려동물 동반 가능 @persimmon_jeju

동화 속에 들어온 듯, 감성 카페의 끝판왕

애월읍의 시골 마을 유수암리에 있다. 푸른 잔디밭 위에 동화처럼 카페가 자리하고 있는데, 하얀 건물의 빨간 문이 눈에 확 들어온다. 문을 열고 들어가면 동화 세계가 펼쳐질 것 같은 기분이 든다. 빨간 문 앞에서 인증 샷을 찍는 것은 필수이다. 제주식 주택을 개조하여 카페로 만들었는데, 제주도의 옛 가옥 형태가 그렇듯 안채와 바깥채로 분리가 되어 있다. 안채에서 주문하고 바깥채에서 커피와 디저트를 즐길 수 있다.

카페가 있는 바깥채에 안으로 들어가면 아기자기하고 예쁜 실내 장식이 환영하듯 당신을 반긴다. 창문이 인상적이다. 어느 곳은 동그랗고, 어느 곳은 네모난 통창이다. 창문으로 보이는 바깥세상이 정겹다. 낮은 돌담과 나무가 제주의 시골 풍경을 완성해준다. 창밖 풍경을 보고 있으면 잘 쓴 에세이를 읽는 것 같다. 느긋이 한곳에 앉아 있기보다 이 자리 저 자리로 옮기며 예쁜 사진을 찍어야 할 것 같다. 달콤하고 고소한 크림라테와 꾸덕하면서도 쫀쫀한 테린느를 비롯하여 여러 음료와 디저트를 맛볼 수 있다. 퍼시몬의 마당은 마을 밭담 길과 이어져 있다. 시간 여유가 있다면 조용히 산책하길 추천한다.

ONE MORE **주변 명소와 맛집**

항파두리항몽유적지 제주시 애월읍 항파두리로 50

아루요 나가사키짬뽕, 사케동, 가츠동
제주시 애월읍 유수암평화5길 15-8 064-799-4255
11:30~20:00(브레이크타임 14:30~17:30, 일요일 휴무)

우굼 바릇국수, 고기국수, 성게전복장비빔밥
제주시 애월읍 하소로 611-42 010-2973-9448
11:00~19:00 (목요일 16:30까지, 화·수 정기휴무)

블리스풀 Blissful

Cafe & Bakery

◎ 제주시 애월읍 산록서로 383 ☏ 010-6698-3603 ◷ 12:00~20:00(월요일 휴무)
Ⓜ 불고기파니니, 리어초코와플, 베이글, 오틀리귀리라테 ₩ 1인 20,000원, 반려견 가든 이용료 5,000원
🚗 전용 주차장 ⓘ 애견카페. 대형견, 소형견 놀이터 구분됨 ⓞ @blissful.jeju

여기는 애견인과 반려견 천국

반려견을 동반한 여행은 쉽지 않다. 갈 수 있는 곳이 한정적이어서 주인과 반려견 모두에게 피곤한 일이다. 블리스풀은 이러한 고민을 해결해 줄 수 있는 최적의 장소이다. 블리스풀Blissful이라는 이름처럼 견주와 반려견이 행복한 여행을 할 수 있는 조건을 두루 갖추고 있다. 다양한 브런치 메뉴와 음료를 준비하고 있으며, 카페엔 반려견 동반 의자, 그리고 강아지들을 위한 여러 가지 화식, 간식과 애견용품을 준비해놓았다. 카페는 체고 40cm 이하, 체중 12kg 이하의 소형견에 한하여 견주와 동반하여 이용할 수 있다. 블리스풀이 무엇보다 반가운 건 강아지를 위한 야외 놀이터가 있다는 점이다. 야외 놀이터에선 강아지들이 목줄을 푼 채 넓은 잔디밭을 신나게 뛰어다닌다. 견주는 여유롭게 커피를 마시거나 강아지와 산책을 즐긴다. 브런치도 즐기고, 여러 강아지를 만날 수 있으니 그것만으로도 충분히 찾아갈 만한 곳이다.

ONE MORE 주변 명소와 맛집

📷 **궷물오름** ◎ 제주시 애월읍 유수암리 1191-2

🍴 **애월연어** 스노우초밥, 불땡이초밥, 연어한판
◎ 제주시 애월읍 하소로 660 ☏ 064-799-5300 ◷ 11:00~21:00(브레이크타임 15:00~17:00, 일요일 휴무)

🍴 **우굼** 바릇국수, 고기국수, 성게전복장비빔밥
◎ 제주시 애월읍 하소로 611-42 ☏ 010-2973-9448 ◷ 11:00~19:00 (목요일 16:30까지, 화·수 정기휴무)

하이드브레드

Coffee & Bakery

제주시 애월읍 상가목장길 84 070-4042-5090 11:00~20:30(연중무휴)
흑임자아인슈페너, 오메기라테, 한라산크로아상, 생그림단팥브리오슈 ₩ 1인 10,000원~20,000원
전용 주차장 반려동물 동반가능, 송훈파크에서 승마와 마차 체험 가능 @song_hoon_park

마니아들이 손꼽는 빵지 순례 카페

방송 출연으로 유명해진 송훈 셰프의 송훈파크 안에 있는 베이커리 카페이다. 빵지 순례를 다니는 사람들에게 이곳은 또 하나의 성지이다. 카페 내부를 현무암과 야자나무 등으로 장식했다. 통유리창이라 개방감이 좋다. 따뜻한 햇볕이 들어와 실내를 환하게 비춘다. 햇살을 보면 저절로 기분이 좋아진다. 야외는 넓어서 좋다. 넓은 잔디밭에서 아이들이 뛰어놀기 좋고, 반려견들과 함께 산책할 수 있어서 가족 단위 여행객들이 찾기에도 그만이다. 음료와 베이커리는 송훈 셰프의 레시피로 만들었다. 제주의 재료들을 이용한 음료, 프랑스 고급 버터를 사용한 크루아상, 후니얼굴빵과 전!현무암 등 이름이 재밌는 빵도 있다. 메뉴들을 보면 절로 군침이 돈다. 포장도 가능하다. 하이드브레드의 또 다른 장점은 피크닉을 즐기기 좋은 점이다. 약 6000평에 이를 만큼 넓은 데다 염소와 당나귀 먹이주기 체험, 승마 체험과 마차 투어도 할 수 있다. 프라이빗 파티 룸도 갖추고 있다.

ONE MORE **주변 명소와 맛집**

새별오름 제주시 애월읍 봉성리 4554-12

크라운돼지 오겹살, 돈마호크, 몸국
제주시 애월읍 상가목장길 84 070-4036-5090 매일 12:00~21:00

모리노아루요 카이센동, 메로동, 토리라멘
제주시 애월읍 하소로 769-58 064-799-4253
11:30~20:00(브레이크타임 14:30~18:00, 일요일·공휴일 휴무)

영국찻집

Cafe & Bakery

제주시 애월읍 녹근로 19-15 11:00~18:00(수·목 휴무, 그 외 휴무는 인스타그램에 공지)
밀크티, 얼그레이, 잠봉뵈르 ₩ 1인 5,000~11,000원
카페 주변에 주차 공간이 없다. 동개동민회관 근처에 주차하고 도보로 이동 @gb_tea_room

영국 감성 가득한 동화 같은 카페

애월읍 봉성리에 있는 홍차 전문 카페이다. 동개동민회관 옆으로 난 좁은 골목길을 따라 걷다 보면 길이 끝나는 곳에서 이국적인 건물이 시선을 끈다. 불과 몇 분 전만 해도 돌담이 이어지는 올레였는데 눈앞에 보이는 것은 런던 근교의 마을 풍경이라니! 영국의 전원 풍경을 보는 것 같기도 하고, 한순간에 이상한 나라의 앨리스처럼 공간이동을 한 기분도 든다. 문득, 이곳에 오래 머물고 싶다는 생각이 머리를 스친다. 조용히 차를 마시거나 소곤소곤 이야기를 나누어도 좋겠다. 여행 가방에서 시집 한 권 꺼내도 좋을 분위기다.
한껏 들뜬 마음으로 푸른 잔디를 지나 살굿빛 문을 열고 내부로 들어선다. 앤티크 가구와 제주의 한적한 창밖 풍경, 향긋한 차 향기가 마음을 평온하게 한다. 메뉴는 얼그레이, 다즐링 등 홍차가 주를 이룬다. 쌉싸름한 홍차에 단맛을 더해줄 초코바나나푸딩, 레몬무화과푸딩, 스콘 등의 디저트류와 잠봉뵈르 샌드위치가 있다. 잠봉뵈르는 요즘 한창 인기몰이 중인 브런치 메뉴로 바게트에 버터, 햄으로 속을 꽉 채운 샌드위치다. 고소한 빵과 짭짤한 햄, 풍미를 더해주는 버터의 조화가 뛰어나다.

ONE MORE 주변 명소와 맛집

납읍난대림지대 제주시 애월읍 납읍리 1457-1

봉성식당 열무국수, 흑돼지오겹살, 김치찌개

제주시 애월읍 봉성로 66 064-799-0011 11:00~22:00(브레이크타임 15:00~16:30, 둘째·넷째 화요일 휴무)

새빌

Cafe & Bakery

제주시 애월읍 평화로 1529 064-794-0073 매일 09:00~19:00
새빌라테, 우도땅콩라테, 당근주스, 크루아상 ₩ 1인 10,000~20,000원
전용 주차장 @saebilcafe

핑크뮬리와 억새 그리고 새별오름

새별오름 뷰를 감상할 수 있는 핫한 카페이다. 제주도에 오션 뷰 카페는 많지만, 오름을 눈앞에서 감상할 수 있는 카페는 드물다. 그 덕에 네이버가 선정한 '대한민국 6대 이색 카페'에 들었다. 오래된 리조트를 리모델링해서 사용하고 있어서 층고가 높고 내부가 넓어 분위기가 웅장하다. 서부의 푸른 초원을 조망할 수 있는 테라스, 계단 등에도 감각적인 좌석을 마련해 멋을 더했다. 이곳의 매력은 단연 새별오름이 담긴 전망이다. 사방으로 난 통유리 덕에 새별오름을 눈앞에서 감상할 수 있다. 여름에는 싱그러운 녹음이, 가을에는 은빛 억새가 새별오름의 유려한 곡선을 따라 물결친다. 가을에는 카페 정원을 가득 메운 핑크뮬리까지 더해져 로맨틱한 분위기가 절정을 이룬다. 어디를 배경으로 사진을 찍어도 인생 사진을 얻을 수 있다.

카페 새빌은 전망뿐 아니라 디저트로도 인기가 좋다. 매일 아침 카페에서 구워내는 크루아상이 대표적이다. 버터의 풍미와 결이 살아있는 식감이 일품이다. 타르트, 당근케이크, 파운드케이크 등 다양한 베이커리도 마련되어 있다.

ONE MORE 주변 명소와 맛집

새별오름 제주시 애월읍 봉성리 4554-12

크라운돼지 오겹살, 돈마호크, 몸국
제주시 애월읍 상가목장길 84 070-4036-5090
매일 12:00~21:00

우유부단

Cafe & Bakery

◎ 제주시 한림읍 금악동길 38 📞 064-796-2033 🕓 매일 10:00~18:00
Ⓜ 유기농아삼밀크티, 아이스크림, 수제밀크쉐이크 ₩ 6,000원~10,000원
🚗 전용 주차장 📷 @uyubudan

푸른 초원 위의 앙증맞은 카페

성이시돌목장 안에 있는 우유카페이다. 우유부단은 너무 부드러워서 끊을 수 없다는 뜻넘칠 우, 부드러울 유, 아닐 부, 끊을 단과 우유를 향한 부단한 노력이라는 의미를 담고 있다. 이들이 추구하는 부단한 노력이란 좋은 우유를 얻기 위한 농장 환경과 원칙을 지키는 것이다. 젖소에게 항생제와 호르몬제를 사용하지 않고, 유기농 풀로 만든 사료를 먹이고, 넓은 목초지에 방목해서 기른다. 이렇게 얻어진 건강하고 맛 좋은 유기농 우유만 사용한다. 우유부단의 아이스크림, 밀크티, 쉐이크 등 모든 메뉴가 자연 그대로의 깔끔한 맛을 유지할 수 있는 것도 이 때문이다. 고소하고 기분 좋은 단맛이 입을 즐겁게 한다.

카페 외부에는 우유갑 모양의 철제 프레임이 있다. 남녀노소 모두가 좋아하는 앙증맞은 포토존이다. 카페에서 70m 정도 떨어진 곳에 있는 테쉬폰Cteshphon, 2,000여 년 전 이라크의 바그다드 근교 테쉬폰이란 지역에서 만들어진 건축 양식도 잊지 말자. 곡선으로 이뤄진 외형 때문에 자연재해에 강하다 해서 여러 지역에 보급되었으나 국내에 남아 있는 건 제주가 유일하다. 1961년에 지었으니까 60년이 넘은 건축물이다. 현재는 웨딩 스냅 명소로 유명하다. 대한민국 등록문화재이다.

ONE MORE **주변 명소와 맛집**

성이시돌목장 제주시 한림읍 산록남로 53

정물오름 제주시 한림읍 금악리 산52-1

금오름 제주시 한림읍 금악리 산1-1

카페이시도르 유기농치아바타, 저온숙성바게트, 제주산당근케이크

제주시 한림읍 금악북로 353 성이시돌센터 064-796-0677 월~토 08:30~16:50(일요일은 14:00까지)

앤트러사이트 한림

Cafe & Bakery

제주시 한림읍 한림로 564 매일 09:00~18:00

아메리카노, 진저밀크, 유기농 아이스크림 ₩ 4,000~6,500원 전용 주차장

전분 공장이 카페로, 빈티지 카페의 전형

한림읍의 전분 공장이 멋스러운 카페로 다시 태어났다. 1951년부터 40여 년간 고구마 전분 공장으로 운영되던 곳으로, 1991년에 문을 닫은 뒤 오랜 시간 사람의 발길이 끊겼다가 2015년에 카페로 다시 태어났다. 앤트러싸이트 한림은 합정점과 마찬가지로 건물 외관과 내부 모두 옛 공장의 모습을 최대한 살렸다. 전기 터빈, 도르래 등 공간의 정체성이 담긴 것은 그대로 두고 자연광이 들어올 수 있도록 천창을 냈다. 그리고 창을 통해 볕이 모이는 곳에 식물을 심어 온기를 더했다. 과거와 현재, 인공과 자연이 공존하며 독특한 분위기를 자아낸다. 카페 뒤편엔 폐공장 감성이 아직 남아 있다. 인스타용 감성 사진찍기 좋다.

향긋한 커피 냄새와 달콤한 디저트 향이 거친 공장의 외형에 또 한 번 온기를 더한다. 앤트러사이트는 커피에도 소홀함이 없다. 깊고 풍미 가득한 커피 맛을 유지하기 위해 직접 로스팅한다. 나쓰메 소세키, 파블로 네루다 등 작가와 작품으로 네이밍 한 드립백과 감각적인 패키지 디자인을 선보여 두터운 마니아 층을 보유하고 있다. 한림점에서는 제주 한정 유기농 아이스크림과 생허브티를 만날 수 있다.

ONE MORE **주변 명소와 맛집**

협재해수욕장 제주시 한림읍 협재리 2497-1

바당길 보말칼국수, 전복죽, 한치물회, 자리물회
제주시 한림서길 18 064-796-1658 08:00~15:00(목요일 휴무)

독개물항 한림본점 갈치조림, 해물뚝배기, 성게미역국
제주시 한림읍 한림로478 064-796-3966 매일 08:00~21:00(브레이크타임 15:30~17:00)

우무 UMU

Cafe & Bakery

◎ 제주시 한림읍 한림로 542-1 ☏ 0507-1327-0064 ◷ 매일 09:00~20:00(휴무 시 인스타에 공지)
Ⓜ 우뭇가사리 푸딩 ₩ 1인 10,000원 이내 🚗 길가 주차 ⓘ @jeju.umu

우뭇가사리 푸딩으로 유명한 디저트 카페

한림항 근처에 있던 오래된 목욕탕을 리모델링한 디저트 카페이다. 제주 해녀가 채취한 우뭇가사리를 활용해 만든 푸딩을 판매한다. 우뭇가사리는 바닷속에서 사는 식물이다. 붉은빛이 인상적인 해조류로, 식이섬유소가 풍부하고 칼로리가 낮아 몸에 좋은 음식 재료이다. 물이 빠진 바다에서 흔히 볼 수 있다. 우뭇가사리는 끓인 다음 식히면 단단하게 굳는데, 이런 특성을 활용하여 푸딩을 만들었다. 우무는 당근케이크, 우도땅콩아이스크림 만큼이나 제주다운 디저트이다. 서부를 여행하는 사람들이 즐겨 찾는데, 특히 여성 여행자에게 인기가 많다. 우무에서는 초콜릿, 말차, 얼그레이, 커스터드, 이렇게 네 가지 맛 푸딩을 판다. 색깔이 예쁘고, 용기가 앙증맞아 SNS에 인증 사진이 많이 올라온다. 맛은 달콤하고 부드럽다. 가게에서는 10분 이내에 먹기를 권한다. 상온에서는 쉽게 녹기 때문이다. 제주시에 지점관덕로 8길 40-1이 있다.

ONE MORE **주변 명소와 맛집**

협재해수욕장 ◎ 제주시 한림읍 협재리 2497-1

문쏘 제주협재점 황게카레, 고등어밥, 에그인헬, 쿠로부타동
◎ 제주시 한림읍 한림상로15-5 ☏ 064-796-055 ◷ 매일 10:30~20:20(마지막 주문 19:30)

호텔 샌드

Cafe & Bakery

제주시 한림읍 한림로 339 010-8879-8010 매일 08:30~22:00(주문 마감 21:30)
버터스카치크림라테, 샌드밀, 티라미수라테, 선인장몽테, 애프터눈티 ₩ 2인 20,000원~30,000원
협재해수욕장 공영주차장 반려동물 동반 불가 @hotelsand_

협재와 비양도를 그대 품 안에

중동의 넓은 사막에서 오아시스를 만나는 기분은 어떨까? 상상은 잘 안 되지만 호텔샌드에선 그런 기분을 간접적으로 체험해 볼 수 있다. 호텔샌드의 건물은 중동 어느 거리에 있을 것 같다. 카페 입구는 선인장을 오브제로 활용하였고, 황톳빛 벽은 중동의 모래사막을 연상시킨다. 카페 바로 앞 협재의 파란 바다와 대비되어 더욱 거친 느낌을 준다. 건물 내외부도 인상적이지만 호텔샌드의 가장 큰 매력은 입지이다. 카페 바로 앞이 협재해수욕장이다. 야외에 파라솔과 선베드는 제주도가 아니라 남국의 어느 휴양지를 떠올리게 한다. 에메랄드 빛깔의 바다와 황금 모래를 바로 앞에 두고 여유를 즐길 수 있으니 이 자리를 탐내는 사람이 많다. 게다가 바다로 시선을 던지면 신비로운 섬 비양도가 손을 흔든다. 특색 있는 음료와 디저트가 많다. 제주도와 모래를 모티브로 한 디저트 메뉴의 인기가 많다.

ONE MORE 주변 명소와 맛집

협재해수욕장 제주시 한림읍 협재리 2497-1

문쏘 제주협재점 황게카레, 고등어밥, 에그인헬, 쿠로부타동
제주시 한림읍 한림상로15-5 064-796-055 매일 10:30~20:20(마지막 주문 19:30)

협재수우동 협재점 수우동, 자작냉우동, 유부우동
제주시 한림읍 협재1길 11 064-796-5830 10:30~17:00(화요일 휴무)

파라토도스

Cafe & Bakery

제주시 한림읍 금능길 87 0507-1310-4331 09:00~20:00(월 휴무)
커피, 음료, 칵테일, 샐러드, 파스타, 피자 ₩1인 10,000원~30,000원
카페 앞 주차(만차 시 길 건너 공터 및 공영주차장 이용) @jeju.paratodos.kr

비양도와 금능해수욕장, 전망이 환상적인

에메랄드빛 금능 바다와 신비로운 섬 비양도. 제주도에 오션 뷰 카페가 많지만, 파라토도스의 풍경은 어디에 내놓아도 손색이 없다. 1층은 기념품과 식료품, 와인을 파는 가게이고, 2층과 3층은 카페 겸 레스토랑이다. 루프톱에 오르면 환상적인 풍경을 가득 안을 수 있다. 파라토도스는 금능해수욕장과 협재해수욕장 주변 오션 뷰 카페 중에서 가장 독보적인 전망을 보여준다. 금능해수욕장 남쪽 끝 모퉁이에 있어서 앞을 가리는 게 없다. 카페로 들어가면 바다가 바로 아래에 있다. 의자에 앉으면 마치 바다 위에 떠 있는 것 같다. 시시각각 변하는 바다의 빛과 색을 온전히 느낄 수 있다. 카페 겸 레스토랑이라 먹을 게 많은 편이다. 샐러드, 퀘사디아, 파스타로 구성된 3단 트레이, 페이스트리피자, 칵테일, 다양한 음료와 커피를 즐길 수 있다. 아쉽게도 2층부터 노키즈 존이다. 바다 옆길은 무척 좁다. 차로 진입하지 말자.

ONE MORE **주변 명소와 맛집**

금능해수욕장 제주시 한림읍 금능리 2037

협재수우동 협재점 수우동, 자작냉우동, 유부우동
제주시 한림읍 협재1길 11 064-796-5830 10:30~17:00(화요일 휴무)

명월국민학교

Cafe & Bakery

제주시 한림읍 명월로 48 070-8803-1995 10:30~19:00(마지막 주문 18:30)
너에게사과, 청귤, 자두, 자몽 에이드, 명월바닐라 ₩ 1인 10,000원
전용 주차장 반려동물 동반가능 @_lightmoon

폐교가 카페로 다시 태어났다

한림읍 명월성지 근처에 있다. 폐교를 마을 청년회에서 카페로 변모시켰다. 알록달록 바람개비와 정감 넘치는 학교 건물이 잊고 있던 동심을 자극한다. 내부 교실은 커피반, 소품반, 갤러리반상황에 따라 갤러리반 또는 팝업 스토어로 운영으로 나누어져 있다. 출입문 위에 달린 명패가 각 공간의 성격을 나타낸다. 카페반에서 메뉴를 주문한 뒤 여러 공간을 자유롭게 이용하면 된다. 낡은 마룻바닥을 보고 있으면 어느새 추억에 잠긴다. 무릎이 까매지도록 옹기종이 모여 마루에 광을 내던 청소 시간이 새록새록 떠오른다. 초등학교를 국민학교라고 부르던 시절을 보낸 사람이라면 누구나 옛 기억이 떠오를 것이다. 추억의 간식도 판매한다. 이곳저곳 둘러보다 보면 뒤뜰에 있는 명월구멍가게에 닿는다. 그 시절 학교 앞 문방구에서 발길을 잡던 게임기와 뽑기 기계가 놓여 있다. 게임기는 동전만 사용할 수 있다. 동전 교환은 커피반에 요청하면 된다.

ONE MORE 주변 명소와 맛집

협재해수욕장 제주시 한림읍 협재리 2497-1

바당길 보말칼국수, 전복죽, 한치물회, 자리물회
제주시 한림서길 18 064-796-1658 08:00~15:00(목요일 휴무)

문쏘 제주협재점 황게카레, 고등어밥, 에그인헬, 쿠로부타동
제주시 한림읍 한림상로15-5 064-796-055 매일 10:30~20:20(마지막 주문 19:30)

협재수우동 협재점 수우동, 자작냉우동, 유부우동
제주시 한림읍 협재1길 11 064-796-5830 10:30~17:00(화요일 휴무)

울트라마린

Cafe & Bakery

제주시 한경면 일주서로 4611 064-803-0414 매일 10:00~19:00(주문 마감 18:30)
120라테, 에스프레소, 썬라이즈 아이스티 ₩ 5,800~7,500원 전용 주차장
노키즈존(10세 이상 이용 가능), 캐리어 이용 시 반려동물 동반가능 @ultramarine_jeju

© 문신기

© 문신기

낮에는 푸른 바다, 저녁엔 붉은 노을

제주시 한경면 판포포구에서 한림읍 방향으로 차로 3분 거리, 판포리 해거름마을공원 옆에 있다. 아주 긴 탁자와 종종 보이는 식물 화분, 인더스트리얼 인테리어도 인상적이지만, 이 카페의 가장 큰 매력은 누가 뭐래도 바다 전망이다. 바다 쪽 넓은 창을 통해 탁 트인 제주 바다를 만끽할 수 있다. 내부를 가로지르는 긴 테이블이나 창가 벤치에 앉아 바다를 바라보는 것만으로도 힐링이 된다. 2층으로 올라가면 인스타그램에서 종종 보았을 그 유명한 포토존이 나온다. 바다를 배경으로 멋진 포즈를 취해보자.
제주 서쪽 바닷가 카페의 인기가 높은 이유 중 하나가 노을 뷰인데, 울트라마린은 유명 노을 명소 중 하나인 판포포구를 감상할 수 있어 더욱 특별하다. 핑크, 주황, 보랏빛 화려한 색감이 하늘과 바다를 수놓으면 여행의 하루가 로맨틱하게 마무리된다. 울트라마린은 특정 시그니처 메뉴를 선보이기보다는 커피에 세심한 정성을 들인다. 메뉴에 따라 원두의 무게를 달리하고 산미를 살려 산뜻함을 더한다. 120라테와 블랑바닐라를 비롯한 라테 메뉴는 깔끔한 맛으로 칭찬 일색이다. 커피, 바다, 노을 그 어느 것도 놓치지 않고 싶다면 울트라마린으로 가자.

ONE MORE **주변 명소와 맛집**

신창풍차해안 제주시 한경면 신창리 1290-3

월령리선인장군락 제주시 한림읍 월령리 359-4

마루나키친 해물모듬장, 황게크림파스타, 돈가스

제주시 한경면 금등4길 11 0507-1372-0488 11:00~20:00(브레이크타임 15:00~17:00, 목요일 휴무)

판포미인 문어돌솥밥, 전복솥밥

제주시 한경면 판포1길 11 064-773-7730 매일 11:00~20:30(브레이크타임 15:00~17:00, 화요일 휴무)

오지힐 제주

Cafe & Bakery

제주시 한경면 일주서로 4469 0507-1345-0541 10:30~20:00(주문 마감 19:00)
Jeju파블로바, 오지슈페너 ₩ 10,000원
전용 주차장 반려동물 동반가능 @aussiehill_jeju_

호주 감성의 해변 디저트 카페

SNS에서 인기 있는 카페의 감성에도 유행이 있다. 영국 감성, 미국 감성, LA 바이브. 이제는 호주 감성이다. 오지힐 제주는 이름에서부터 진한 호주 감성을 뿜어낸다. 한남동에 본점이 있는데 한남점이 시드니 카페 느낌이라면 제주점은 케언즈의 해안도로에 있는 카페를 옮겨 놓은 듯하다. 카페 내부로 들어서면 아기자기한 인테리어와 보기만 해도 탄성이 나오는 바다 뷰가 시선을 사로잡는다. 베이커리 진열대에는 알록달록한 컵케이크, 머핀, 스콘, 치아바타, 에그타르트 등 다양한 디저트가 손님의 손길을 기다리고 있다. 동물성 버터를 사용하지 않은 비건 메뉴도 있다.

오지힐의 시그니처 메뉴는 파블로바이다. 파블로바는 호주와 뉴질랜드의 국민 디저트이다. 머랭 케이크거품과자 위에 생크림과 여러 제철 과일을 올린 디저트로, 러시아의 전설적인 무용수 안나 파블로바에서 이름을 따왔다. 과하게 달지 않으면서 입안에서 사르르 녹는 식감이 매력적이다. 오지힐 제주는 판포포구에서 자동차로 5분 거리에 있다. 일몰 명소로 유명한 신창풍차해안싱게물공원과도 가까워 일몰 전후에는 손님이 많은 편이다.

ONE MORE 주변 명소와 맛집

신창풍차해안 제주시 한경면 신창리 1290-3

월령리선인장군락 제주시 한림읍 월령리 359-4

마루나키친 해물모듬장, 황게크림파스타, 돈가스
제주시 한경면 금등4길 11 0507-1372-0488
11:00~20:00(브레이크타임 15:00~17:00, 목요일 휴무)

짚불도 흑돼지딱새우세트, 짚불짜글이, 김치말이국수
제주시 한경면 판포1길 6 0507-1314-1919
매일 11:00~23:00(주문 마감 22:00)

클랭블루

Cafe & Bakery

제주시 한경면 한경해안로 552-22 0507-1335-5338 매일 11:00~22:00
우도땅콩라테, 제철주스 ₩ 1인 8,000원~10,000원 전용 주차장 @kleinblue_jeju

멋진 풍차 뷰, 예술이 흐르는 카페

신창풍차해안 근처에 있는 갤러리 카페이다. 바다 뷰 맛집으로 유명하다. 클랭블루는 프랑스 작가 이브 클랭Yves Klein이 만든 고유한 색 '인터내셔널 클랭블루International Klein Blue'에서 따와 이름을 지었다. 카페 인테리어도 인디고블루에 가까운 청색으로 회화 작업을 하는 이브 클랭의 콘셉트를 따라 흰색과 청색을 사용했다. 심플하고 멋스러운 분위기가 미술관을 연상시킨다. 카페 유리는 통창이어서 어느 곳에서나 풍차와 바다를 바라보며 여유로운 시간을 보낼 수 있다. 건물은 2018년 제주건축대전에서 본상을 받았다.

1층에는 자체 제작한 굿즈를 판매하는 숍이, 2층에는 45평 규모의 전시 공간이 마련되어 있다. 클랭블루의 하이라이트는 2층에 있는 높이 3m에 달하는 정사각형 창문이다. 제주의 '숨은 비경 31' 중 하나인 신창해안을 한 폭의 그림으로 담아낸다. 제주 서부의 유명 포토존이자 이곳을 상징하는 풍경이 되었다. 시그니처 메뉴는 달콤하고 고소한 맛을 자랑하는 우도땅콩라테이다. 제철 생과일주스와 에이드, 얼그레이롤과 티라미수롤을 비롯한 디저트류가 있다. 아쉽게도 12살 이하 어린이는 실내를 이용할 수 없다. 반려동물 동반도 불가능하다.

ONE MORE 주변 명소와 맛집

신창풍차해안 제주시 한경면 신창리 1290-3
쪼끄뜨레 등심돈가스, 카레돈가스, 새우튀김
제주시 한경면 두신로 85 B동 0507-1376-1025
11:00~18:00(월요일 휴무)

산노루 제주점

Cafe & Bakery

제주시 한경면 낙원로 32 070-8801-0228 10:00~19:00(주문 마감 18:30)
말차라테, 말차플랫화이트, 제주녹차세작, 디저트 ₩ 1인 10,000원 전용 주차장

매혹적인 유기농 녹차 카페

한경면 조수리에 있는 녹차 카페이다. 고품질 찻잎으로 제대로 우려낸 녹차 음료가 궁금하다면, 혹은 오설록에서 사람에 치여 놀랐다면 산노루를 주목하자. 녹차 카페지만, 건물은 무척 현대적이고 세련미가 넘친다. 이곳에선 최상급 유기농 녹차로 만든 세련된 음료를 느긋하게 마실 수 있다. 붉은 벽돌로 만든 여러 개의 건물에 비커와 현미경이 늘어선 실내까지, 마치 이곳은 녹차 음료 연구소 같다. 얼룩 한 점 없는 스테인리스 접시에 내어주는 음료와 디저트는 그 세심한 연구의 진한 결과물이랄까. 특히 고품질 말차플랫화이트와 말차아인슈페너는 신선하고 부드럽고 진하다. 음료와 디저트는 물론, 메뉴판과 인테리어까지 구석구석 감탄을 자아낸다.

산노루는 전직 광고 기획자, MD, 그래픽 디자이너가 합심해 만들었다. 실내는 노키즈 존이지만, 야외 테이블이 있으므로 날씨가 좋은 날엔 아이들과 함께 가도 괜찮다. 카페 건너편 건물은 스토어다. 직접 향을 맡아보고 녹차를 구매할 수 있다. 제주올레 13코스가 카페 바로 옆으로 지난다. 차를 마신 후 잠시 산책하듯 올레길을 걸어도 좋겠다.

ONE MORE **주변 명소와 맛집**

책방 소리소문 제주시 한경면 저지동길 8-31

제주올레 13코스 제주시 한경면 낙원로 32

데미안 돈가스정식, 치즈돈가스

제주시 한경면 고조로 492-15 0507-1401-0552 11:00~16:00(토요일 휴무)

제주돗 흑돼지목살, 흑돼지오겹살, 삼겹갈비

제주시 한경면 조수2길 34 0507-1434-0506 16:00~22:00(화요일 휴무)

미쁜제과

Cafe & Bakery

서귀포시 대정읍 도원남로 16 070-8822-9212 09:00~20:00
베이커리, 쿠키, 감귤주스 ₩ 1인 10,000원 전용 주차장 @mippeun_jeju

ⓒ문신기

ⓒ송인희

바다를 품은 한옥 베이커리 카페

서귀포시 대정읍 신도리에 있는 한옥 베이커리이다. 돌집은 많아도 제주에서 전통 한옥은 보기 드문데, 뜻밖에도 한옥에 베이커리 카페를 꾸며 무척 반갑다. '미쁜'은 순수한 우리말로 '믿을 만하다'는 뜻이다. 빵이든 음료든 손님이 믿고 먹을 수 있도록 맛과 건강을 아울러 챙기겠다는 뜻을 상호에 담았다. '미쁜'의 의미를 실천하기 위해서 프랑스 유기농 밀가루를 사용한다. 게다가 3~7일 자연 숙성한 천연발효종으로 빵을 만든다. 미쁜제과가 생긴 뒤 빵 마니아의 순례 코스로 자리를 잡았다.

미쁜제과의 메뉴는 퍽 다채롭다. 명란바케트, 마농바게트, 케이크, 소금빵, 너트브레드, 단팥빵. 빵은 말할 것도 없고, 토끼 모양 귀가 달린 래빗케이크, 요거트머랭쿠키, 감귤주스, 제주말차주스 등도 인기 메뉴다. 바다가 보이는 2천 평의 정원도 미쁜제과의 큰 매력이다. 정원엔 철 따라 예쁜 꽃이 핀다. 넓은 잔디밭엔 시소, 그네, 나무 의자 등이 있어서 야외에서 소풍을 즐기며 디저트를 즐길 수 있다. 그리고 바다. 정원 너머로 푸른 바다가 시야 가득 들어온다. 저 바다엔 간혹 돌고래가 나타난다. 오후 3시 전후에 많이 나타난다.

ONE MORE **주변 명소와 맛집**

수월봉 제주시 한경면 노을해안로 1013-61

마녀상회 흑돼지구이, 김치찌개

서귀포시 대정읍 무릉사장로 154 0507-1364-2052 매일 16:00~22:00

제주고로 아보카도참치덮밥, 딱새우크림우동, 순살닭고기튀김

서귀포시 대정읍 서삼중로 94 0507-1312-9080 11:00~16:00(화·수 휴무)

마루 해물라멘, 흑돼지덮밥, 흑돼지카레라이스

서귀포시 대정읍 서삼중로 77 0507-1331-0968 매일 11:00~21:00(브레이크타임 15:00~17:00)

하늘꽃

Cafe & Bakery

서귀포시 대정읍 송악관광로 317 064-792-9111 매일 10:00~19:00
아메리카노, 트로피칼 에이드, 크로핀, 마농바게트 ₩1인 7,000~10,000원
전용 주차장 케이지 사용 시 반려동물 동반가능 @haneul_kkot_jeju

꽃향기 가득한 온실 카페

사계절 내내 커피와 풀 향기, 꽃내음이 가득한 매혹적인 온실 카페이다. 송악산에서 북쪽으로 자동차로 약 3분 거리, 대정읍 상모리의 송악관광로 옆에 있다. 제주의 전통적인 돌창고에서 영감을 얻은 듯한 유리 건물이 인상적이다. 넓은 내부에는 다양한 꽃과 식물, 파초, 감귤나무가 어우러져 사이좋게 자라고 있다. 실내가 화사하고 따사로운 빛이 가득해 저절로 기분이 좋아진다. 천장부터 테이블까지 촘촘히 자라고 있는 식물 사이에 앉아 있으면 마치 멋진 식물원에 와있는 듯한 착각이 든다. 창밖엔 키 큰 야자수가 이국적인 이미지를 완성해 준다.

이곳의 매력은 꽃에서 그치지 않는다. 사방이 큰 유리창으로 되어있어서 가까운 제주의 풍경뿐 아니라 저 멀리 한라산과 푸른 하늘까지 한눈에 담을 수 있다. 커피, 에이드, 스무디 등 다양한 음료를 마실 수 있다. 매일 직접 구운 베이커리도 선보인다. 크루아상의 부드러운 식감에 머핀의 달콤한 매력을 더한 크로핀(Cruffin)과 대정에서 수확한 마늘로 만든 마농바게트의 인기가 특히 좋다. 분위기와 맛 모두 흠잡을 데 없지만, 커피 가격은 다소 비싼 편이다.

ONE MORE 주변 명소와 맛집

송악산 서귀포시 대정읍 송악관광로 421-1

추사 김정희 유배지
서귀포시 대정읍 추사로 44(월요일 휴무)

미영이네식당 고등어회, 고등어구이
서귀포시 대정읍 하모항구로 42 064-792-0077
11:30~22:00(마지막 주문 20:30, 매주 수요일 휴무)

해월정 서귀포점 보말죽, 보말칼국수
서귀포시 대정읍 형제해안로 262 0507-1395-5664
매일 08:00~20:00(주문 마감 19:30 휴무)

인스밀

Cafe & Bakery

서귀포시 대정읍 일과대수로27번길 22 0507-1352-5661 매일 11:30~18:30(주문마감 18:00)
보리개역, 바닐라라테, 보리아이스크림, 스콘 ₩ 1인 10,000원
주차 가능 @ins_mill

곡물창고를 빈티지 카페로

대정읍 서쪽 카페 중 대표적인 핫 플레이스이다. 이곳은 독특하게도 주인이 10명이다. 제주 출신 인테리어 디자이너 문승지와 그의 고향 친구들이 의기투합하여 만들었다. 토박이만의 시각으로 제주를 재해석하여 오래된 곡물창고를 빈티지 카페로 탈바꿈시켰다. 곡물창고를 최대한 살리려고 애쓴 점이 인상적이다. 창고에서 사용하던 물건들을 세련되게 재배치하였는데, 익숙한 듯 새롭고 매력적이다. 인테리어 소품부터 테이블까지 공동 주인들의 손길이 세심하게 느껴진다. 정원에선 야자수가 이국적인 분위기를 연출해주고, 옥상에 오르면 시원한 제주 바다가 보인다. 보리개역이라는 메뉴도 눈길을 끈다. '보리로 만든 미숫가루'라는 뜻인데, 보리와 서귀포 꿀로만 맛을 낸다. 풍경에서, 카페 주인들 면면에서, 그리고 메뉴에서 제주의 감성이 짙게 느껴진다. 빈티지 카페 인스밀에선 제주 속으로 한 걸음 더 들어갈 수 있다. 이곳에선 시간이 구름처럼 느리고 여유롭게 흘러간다.

ONE MORE 주변 명소와 맛집

송악산 서귀포시 대정읍 송악관광로 421-1

마녀상회 흑돼지구이, 김치찌개
서귀포시 대정읍 무릉사장로 154 0507-1364-2052
매일 16:00~22:00

산방식당 밀면, 수육
서귀포시 대정읍 하모이삼로 62 064-794-2165
11:00~18:00(수요일 휴무)

어린왕자감귤밭

Cafe & Bakery

서귀포시 대정읍 추사로36번길 45-1 0507-1461-1605 매일 09:30~20:00
어린왕자감귤주스, 한라봉에이드, 청귤에이드 ₩ 음료 1인 8,000~10,000원, 감귤따기체험 1통 15,000원(2인까지), 1인 추가 5,000원 전용 주차장 반려동물 동반가능 @jeju.gosuhan

귤밭 카페, 감귤 수확 체험, 동물농장

대정읍 추사 김정희 유배지에서 차로 5분 거리에 있는 귤밭 카페이다. 체험 여행자와 아이 동반 가족에게 인기가 좋다. 입장료는 없다. 음료를 주문하면 카페와 정원을 자유롭게 이용할 수 있다. 잘 가꿔진 정원 덕에 카페보다 정원에 머무는 사람이 더 많다. 높게 자란 야자나무 길을 지나 정원으로 들어서면 예쁜 산책로와 야외 좌석, 다양한 포토존이 나온다. 귤밭과 야자나무 아래에 앉아 여유를 만끽하기에 좋다. 봄이면 카페 주변이 유채꽃으로 노랗게 변한다. 해가 지는 시간이면 마당 한편에 장작불을 피워주는데, '불멍'을 즐기며 마시멜로를 구워 먹으면 캠핑 분위기가 절로 난다. 양, 토끼, 알파카, 거위 등이 있는 동물농장은 아이들에게 인기 만점이다. 메뉴 주문 시 카페에서 주는 먹이통을 들고 가면 동물들이 반갑게 맞이해준다. 감귤 철에는 감귤 따기 체험 프로그램을 운영한다. 3~4월에는 카페가 아닌 근처 하우스농장에서 체험을 진행한다.

ONE MORE **주변 명소와 맛집**

추사 김정희 유배지 서귀포시 대정읍 추사로 44(월요일 휴무)

소봉식당 미소가츠정식, 치킨남반정식
서귀포시 안덕면 사계로 191 070-8147-1418 11:30~20:00(브레이크타임 15:30~17:30)

페를로 피자, 파스타, 스테이크
서귀포시 안덕면 덕수회관로74번길 0507-1396-9501 매일 11:00~21:00(브레이크타임 15:30~17:00)

청춘부부

Cafe & Bakery

서귀포시 대정읍 추사로38번길 181 070-8887-1529 월~목 08:30~18:00, 일 10:00~17:00(금·토 휴무)
흑임자크림라테, 청춘의밤, 에그타르트, 소금빵 ₩1인 5,000원~15,000원
전용 주차장 반려동물 동반가능 @jeju_booboo

킨포크 감성이 흐르는 감귤 카페

대정읍 안성리에 있다. 제주곶자왈도립공원에서 차로 5분 거리이다. 감귤 창고를 리모델링해서 카페로 만들었다. 카페 입구에 있는 '레모나'라는 이름의 노란색 다마스가 눈길을 끈다. 카페 내부는 깔끔하고 아늑하다. 흰색 벽과 감귤밭이 보이는 창이 어우러져 제주 감성과 킨포크 느낌을 물씬 풍긴다. 청춘부부의 디저트도 인기가 좋다. 바질소시지빵, 에그타르트, 소금빵, 스콘 등 달달구리 마니아들이 좋아할 메뉴가 많다. 음료와 함께 나오는 세트 메뉴도 있고, 제주 카페에서 보기 드물게 아메리카노를 리필해 준다. 카페 한편에는 '당신의 오늘을 보내드립니다'라는 문구가 적힌 테이블이 있다. 엽서에 편지를 적어 두고 가면 카페지기가 모아뒀다가 매달 말일에 일괄 배송한다. 청춘부부의 느린 우체통인 셈이다.

ONE MORE **주변 명소와 맛집**

제주곶자왈도립공원 서귀포시 대정읍 에듀시티로 178

소봉식당 미소가츠정식, 치킨남반정식
서귀포시 안덕면 사계로 191 070-8147-1418 11:30~20:00(브레이크타임 15:30~17:30)

페를로 피자, 파스타, 스테이크
서귀포시 안덕면 덕수회관로74번길 0507-1396-9501 매일 11:00~21:00(브레이크타임 15:30~17:00)

벨진밧

Cafe & Bakery

◎ 서귀포시 대정읍 보성구억로 220-1 ☏ 064-794-0121 ◷ 10:00~18:30(라스트 오더 18:15)
Ⓜ 벨라테, 땅콩크림라테, 벨거트 ₩ 1인 5,000원~10,000원 🚗 전용 주차장(서귀포시 대정읍 안성리 1985-6, 매장 남서쪽으로 약 100m) ⓘ 반려동물 야외 입장 가능(매장 안은 불가) ◎ @beljinvat

별빛이 내리는 곳, 빈티지 힐링 스폿

스스로 빛을 내는 별들은 각자 고유한 색을 낸다. 수없이 많은 별이 쏟아내는 빛은 수년에서 수억 년을 달려와 지구에 도달한 것이다. 그렇게 먼 길 달려와 고유한 색으로 지구를 빛나게 해준다. 별빛이 아름다운 이유다. 도심의 불빛이 별빛을 가린 지 오래지만, 아직 제주의 밤하늘에선 무수히 많은 별을 볼 수 있다. 그 별이 뜨고 떨어지는 곳, 그곳이 벨진밧이다. 벨진밧은 별들이 뜨고 지는 밭장소라는 뜻이다. 얼마나 아름다운 이름인가? 벨진밧은 이름만 아름다운 곳이 아니다. 가정집을 개축한 친근함, 독특한 인테리어, 빨간 현무암알갱이 '송이'가 레드카펫처럼 깔린 야외정원, 야외 풍경이 한눈에 들어오는 넓은 창. 이 모든 것이 정겹고 아름답다. 게다가 마당의 키 큰 야자수는 당신이 제주에 와 있음을 확인시켜준다. 야외화로는 '불멍' 스폿이다. 시그니처 메뉴는 벨라테이다. 진한 향이 매력적이다. 벨진밧에서 커피 한잔하면서 힐링 여행 어떠신가?

ONE MORE **주변 명소와 맛집**

📷 제주곶자왈도립공원 ◎ 서귀포시 대정읍 에듀시티로 178

🍴 소봉식당 미소가츠정식, 치킨남반정식
◎ 서귀포시 안덕면 사계로 191 ☏ 070-8147-1418 ◷ 11:30~20:00(브레이크타임 15:30~17:30)

🍴 페를로 피자, 파스타, 스테이크
◎ 서귀포시 안덕면 덕수회관로74번길 ☏ 0507-1396-9501 ◷ 매일 11:00~21:00(브레이크타임 15:30~17:00)

뷰스트

Cafe & Bakery

서귀포시 안덕면 형제해안로 30 0507-1356-9272 매일 10:00~21:00
현무암라테, 화산송이라테 ₩ 1인 6,000~8,000원
카페 앞 길가, 건물 뒤쪽, 근처 공영주차장 이용 @viewst.jeju

달콤한 디저트, 통창으로 보이는 사계 바다

안덕면 사계해안도로 옆에 있는 베이커리 카페이다. 3층 건물이 모두 카페이다. 어디서든 사계 바다를 감상할 수 있지만 2층과 3층의 전망이 더 좋다. 1층에는 주문하는 곳, 베이커리와 디저트 진열대가 있다. 주문한 커피, 음료, 디저트를 받아 2층으로 올라가면 감탄이 절로 나온다. 통유리를 통해 밝고 따스한 빛이 실내를 비추고 눈앞으로는 푸른 바다가 펼쳐진다. 말 그대로 그림 같은 풍경이다. 3층에는 뷰스트의 시그니처 풍경이자 포토존이 있다. 액자 같은 유리창에 바다와 나를 담아 촬영하면 인생 사진을 얻을 수 있다. 워낙 풍경이 아름다워 포토존은 언제나 인기가 많다.

바다뿐만 아니라 남쪽에서 부는 바람과 바람이 데려온 바다 내음까지 감각하고 싶다면 루프톱으로 가자. 유리창을 통해 보는 바다가 그림 같다면, 루프톱에서 보는 바다는 그대로 대자연이다. 잠시 팔을 벌려 달려오는 바람을 안아도 좋겠다. 뷰스트의 시그니처 메뉴는 기분 좋은 단맛이 일품인 현무암라테와 화산송이라테이다. 베이커리 맛이 좋다고 칭찬 일색이다. 에클레어, 마농빵, 크루와상 등 달달구리 마니아를 위한 메뉴가 다양하다.

ONE MORE 주변 명소와 맛집

사계해수욕장 서귀포시 안덕면 형제해안로 80(산계원식당 건너편 사계해안주차장)

산방산 서귀포시 안덕면 사계리 163-1

용머리해안 서귀포시 안덕면 사계리 112-3

춘미향 춘미향정식, 흑돼지두루치기, 전복성게미역국, 생선김치찜

서귀포시 안덕면 산방로 382 064-794-5558 11:30~20:30 (수요일 휴무, 브레이크타임 15:00~17:30)

마노르블랑

Cafe & Bakery

서귀포시 안덕면 일주서로2100번길 46 064-794-0999 매일 09:00~18:30(주문 마감 18:00)
아메리카노, 스무디 ₩ 1인 7,000~9,000원 주차 가능 반려동물 동반가능

사계절 꽃이 피는 정원 카페

안덕면 덕수리에 있다. 사계해안에서 차로 10분 거리이다. 안덕면에서 인기가 많기로 손에 꼽힌다. 식물원을 방불케 하는 2천여 평의 정원과 새하얀 카페 건물이 어우러져 이국적인 분위기가 난다. 바다와 산방산, 아름다운 정원이 있는 감성 카페로 인생 사진 촬영지로 특히 여성들에게 인기가 높다. 카페 내부에는 주인이 직접 해외에서 구매해 모은 찻잔이 진열되어 있다. 화려한 문양의 고전적인 찻잔이 카페와 잘 어울린다.

마노르블랑은 봄에는 유채, 여름엔 수국, 가을엔 핑크뮬리, 겨울엔 동백이 다투어 피는 꽃의 정원이다. 짙은 현무암이 형형색색의 꽃과 멋진 대비를 이룬다. 저 멀리 보이는 웅장한 산방산이 정원 카페의 풍경을 완성해 준다. 누구나 이 풍경 앞에 서면 핸드폰 카메라를 바삐 움직이게 된다. 음료 가격은 일반 카페보다 다소 비싼 편이지만, 입장료가 포함되어 있어 정원을 자유롭게 이용할 수 있다. 정원만 구경할 계획이라면 카페 입구에서 입장료를 내면 된다. 정원 입장료는 성인 4,000원, 미취학 아동 2,000원이다. 5~8월엔 수국 축제, 11~2월엔 동백 축제가 열린다.

ONE MORE **주변 명소와 맛집**

산방산탄산온천 서귀포시 안덕면 사계북로41번길 192

산방산 서귀포시 안덕면 사계리 163-1

소봉식당 미소가츠정식, 치킨남반정식
서귀포시 안덕면 사계로 191 070-8147-1418 11:30~20:00(브레이크타임 15:30~17:30)

페를로 피자, 파스타, 스테이크
서귀포시 안덕면 덕수회관로74번길 0507-1396-9501 매일 11:00~21:00(브레이크타임 15:30~17:00)

원앤온리

Cafe & Bakery

서귀포시 안덕면 산방로 141 064-794-0117 09:00~20:00(주문 마감 19:30)
커피, 음료, 케이크, 아보카도샌드위치 ₩ 1인 10,000원~20,000원 전용 주차장 @jejuoneandonly

마운틴 뷰에 오션 뷰까지

서귀포시 안덕면 산방산 아래에 있는 카페이다. 원앤온리의 가장 큰 장점은 입지다. 상호부터 뛰어난 입지를 은유하고 있다. 원앤온리는 세계에서 하나밖에 없는 뷰와 분위기를 품었다는 의미를 담고 있는데, 이런 자신감이 허세나 과장이 아니다. 뒤에선 산방산이 병풍처럼 카페를 감싸주고, 고개를 돌려 앞을 보면 화순해변 모래밭과 에메랄드빛 바다가 푸른 융단처럼 펼쳐진다. 그리고 파릇파릇 잔디가 자라는 넓은 마당엔 남국에 온 듯 이국적인 야자수가 풍경을 완성해준다. 배경도, 전경도 완벽하다. 흠잡을 데가 보이지 않는다.

1층 실내에서 보는 풍경도 멋지지만, 날씨가 좋은 날에 2층 루프톱으로 올라가자. 햇빛과 풍경을 즐기기에 무척 좋다. 고요한 황우치해안과 푸른 바다를 한 프레임에 넣고 나면 사진을 찍지 않을 수 없다. 당신을 내려다보는 산방산을 위해서도 멋진 자세를 취해보자. 원앤온리는 브런치 메뉴를 잘 갖추고 있다. 파스타, 에그베네딕트, 수제리코타샐러드 등을 즐길 수 있다. 산방산을 닮은 케이크와 커피, 음료도 잘 갖추고 있다. 유명 카페가 그렇듯 성수기엔 빈자리가 날 때까지 꽤 기다려야 한다. 화장실도 마찬가지다.

ONE MORE **주변 명소와 맛집**

산방산 서귀포시 안덕면 사계리 163-1

용머리해안 서귀포시 안덕면 사계리 112-3

산방산초가집 초가집밥상, 전복해물전골

서귀포시 안덕면 화순해안로 189 064-792-0688 11:00~20:00(브레이크타임 15:30~17:00, 목요일 휴무)

춘미향 춘미향정식, 흑돼지두루치기, 전복성게미역국, 생선김치찜

서귀포시 안덕면 산방로 382 064-794-5558 11:30~20:30 (수요일 휴무, 브레이크타임 15:00~17:30)

엘파소

Cafe & Bakery

서귀포시 안덕면 화순로 191-43 010-5827-5838 매일 10:00~20:00(주문 마감 19:30)
한라봉 블루 코코넛, 핑크한라봉에이드, 엘파소페너 ₩1인 7,000~10,000원
전용 주차장 @elpasojeju

제주 풍경에 남미 감성 한 스푼

산방산에서 차로 3분 거리에 있다. 가까운 거리만큼 완벽한 산방산 뷰를 자랑하며 탁 트인 바다 뷰까지 고루 갖췄다. 엘파소는 미국 텍사스주의 작은 도시로 멕시코와 국경을 마주하는 곳이다. 이름처럼 카페 엘파소는 텍사스와 중남미의 이국적이고 발랄한 휴양지 분위기가 느껴진다. 야자수와 제주 바다가 남미의 자연을 대신하고 노랑, 파랑, 빨강 등 화려한 인테리어가 남미 감성을 연출한다. 4층으로 된 건물은 다양하게 꾸민 카페와 루프톱, 야외 테라스로 구성되어 있다. 모든 공간이 독특하고 매력 넘치지만, 인기가 가장 좋은 곳은 1층의 야외 테라스와 루프톱이다. 넓은 테라스는 생동감 넘치는 색채 덕에 카메라를 드는 곳마다 인생 샷 성지가 되고, 루프톱은 산방산 뷰와 바다 뷰를 동시에 선물해준다. 핑크한라봉에이드, 블루오션 등 칵테일만큼이나 화려한 모양새를 자랑하는 에이드의 인기가 많다. 유기농 베이커리 호도제과와 협업으로 운영하는 베이커리도 외면하기 쉽지 않다.

ONE MORE **주변 명소와 맛집**

산방산 서귀포시 안덕면 사계리 163-1

용머리해안 서귀포시 안덕면 사계리 112-3

산방산탄산온천 서귀포시 안덕면 사계북로41번길 192

산방산초가집 초가집밥상, 전복해물전골
서귀포시 안덕면 화순해안로 189 064-792-0688 11:00~20:00(브레이크타임 15:30~17:00, 목요일 휴무)

춘미향 춘미향정식, 흑돼지두루치기, 전복성게미역국, 생선김치찜
서귀포시 안덕면 산방로 382 064-794-5558 11:30~20:30 (수요일 휴무, 브레이크타임 15:00~17:30)

페를로 피자, 파스타, 스테이크
서귀포시 안덕면 덕수회관로74번길 0507-1396-9501 매일 11:00~21:00(브레이크타임 15:30~17:00)

더리트리브

Cafe & Bakery

서귀포시 안덕면 화순로 67 0507-1387-8112 10:00~18:00(부정기 휴무)
카페라테, 에스프레소, 핸드드립커피, 청귤에이드 ₩ 1인 10,000원
전용 주차장 2층에 서점도 있다. 빈티지 숍도 함께 운영한다. @theretrieve.crew

© 송인희

© 송인희

제주 감성이 돋보이는 귤밭 옆 카페

서귀포시 안덕면 화순리의 중심가 안덕중학교 정문 근처에 있다. 비교적 한적한 동네에 있는 대형 카페이다. 몇 해 전 TV 프로그램 <무한도전>에서 이효리가 무도 멤버들에게 요가를 전수해주던 곳을 기억하는가? 널찍한 공간, 시원한 창문 그리고 곳곳에 서 있던 식물들. 그곳이 바로 카페 더리트리브다. 제주의 오래된 상가를 개조해 만들었는데, 지금도 그때의 흔적이 곳곳에 남아 있다. 카페는 귤밭과 이웃해있다. 큰 창문 밖으로 귤밭이 한눈에 들어와 제주다움을 느끼기에 더없이 좋다. 격자무늬의 창으로 은은하게 들어오는 제주도의 햇빛이 기분을 즐겁게 해준다. 직접 로스팅하는 커피 맛이 일품인데 특히 쫀득한 거품 맛이 특별한 카페라테의 인기가 제일 좋다. 음료로는 청귤에이드, 아포가토와 코코아 등이 준비돼 있다. 날씨가 좋은 날에는 야외 테이블에서 커피를 마실 수 있다.

카페 주변 풍경을 더 감상하고 싶다면 옥상으로 올라가자. 전망이 좋아 휴대전화를 카메라 모드로 돌리게 된다. 더리트리브의 또 다른 매력은 서점도 함께 운영한다는 점이다. 서점은 2층에 있는데 잠시 짬을 내 구경하길 권한다. 제주 여행 기념으로 책을 산다면 특별한 추억으로 남을 것이다.

ONE MORE **주변 명소와 맛집**

산방산 서귀포시 안덕면 사계리 163-1

용머리해안 서귀포시 안덕면 사계리 112-3

산방산초가집 초가집밥상, 전복해물전골

서귀포시 안덕면 화순해안로 189 064-792-0688 11:00~20:00(브레이크타임 15:30~17:00, 목요일 휴무)

빌레왓 산방산버거, 보말파스타, 그라탕

서귀포시 안덕면 화순서동로 14 064-794-3939 11:00~20:00(재료 소진 시 조기마감, 수요일 휴무)

카페루시아 본점

Cafe & Bakery

서귀포시 안덕면 난드르로 49-17 064-738-8879 매일 10:00~21:00
카페라테, 젤라토, 앙버터, 소금빵 ₩1인 6,000~8,000원 전용 주차장 @lucia8003

박수기정과 바다를 품은 카페

카페 마을로 유명한 대평리에 있다. 대평리는 북쪽으로 군산이 가로막고 있고, 남으로는 푸른 바다가 펼쳐진 데다 서쪽으로는 인위적으로 깎아낸 듯한 절벽 박수기정이 가로막고 있어서 바닷가 마을이면서도 보기 드물게 오지마을이었다. 제주 올레 9코스와 10코스가 지나면서 낮은 지붕과 돌담, 밭담이 어우러진 정겨운 마을 분위기가 알려지기 시작하더니 분위기 좋은 카페, 맛집, 게스트하우스가 생겨나기 시작했다. 대평리에 카페가 많아진 것은 장선우 감독이 운영했던 물고기카페가 인기를 얻은 덕이 크다.

카페루시아는 깎아지른 듯한 기암절벽 박수기정과 바다를 조망할 수 있어 더욱 특별하다. 별관 건물은 꽃밭을 끼고 있어 봄이면 유채가 노란 물결로 일렁인다. 360도 파노라마로 펼쳐진 아름다운 풍경이 여유로운 티타임을 선사한다. 커피와 에이드, 스무디 같은 음료, 그리고 베이커리 메뉴가 있다. 앙버터와 스콘은 인기가 좋아 주말에는 빠르게 떨어진다. 대평리의 유명 포토 스폿도 잊지 말자. SNS에서 그네에 앉아 박수기정을 바라보는 사진을 한 번쯤 보았을 것이다. 누구든 소녀 감성으로 만드는 마법의 포토존으로 카페루시아 주차장 입구 서쪽에 있다.

ONE MORE **주변 명소와 맛집**

박수기정 서귀포시 안덕면 감산리 1008

까사디노아 피자, 수제맥주, 와인

서귀포시 안덕면 대평로 42 064-738-1109 매일 11:30~21:00(브레이크타임 15:00~17:00, 일·월 휴무)

제주진미마돈가 본점 말고기코스요리, 말갈비탕, 흑돼지고기

서귀포시 안덕면 대평감산로17 064-738-2346

11:00~22:00(브레이크타임 15:30~17:00, 주문 마감 21:00, 수요일 휴무)

휴일로

Cafe & Bakery

서귀포시 안덕면 난드르로 49-65 010-7577-4965 09:00~20:30(라스트 오더 20:00)

휴라테, 마당라테, 음료, 한라산케이크 ₩ 1인 7,000원~10,000원

전용 주차장 반려동물은 야외만 가능(목줄, 배변 봉투 준비), 루프톱은 17세 이상 가능 @hueilot

대평리의 절경을 다 품었다

"우와~! 여긴 꼭 외국 같아!"

사람들은 제주도의 아름다운 풍광을 보면서 이국적이라고 이야기한다. 야자수, 에메랄드빛 바다, 화산이 만든 독특한 풍경들. 제주 토박이가 봐도 제주도는 이국적이다. 카페 휴일로도 이국적이다. 카페가 그런 것도 있지만 제주도의 이국적 풍경 덕이 더 크다. 카페 휴일로는 제주도 서남쪽을 대표하는 군산오름을 등에 두고 있고, 망망한 대해 태평양을 앞에 두고 있다. 오른쪽에는 기묘한 박수기정 절벽이 서 있고, 왼쪽으로는 범섬이 내다보인다. 제주에서도 이만한 풍경을 다 담기는 쉽지 않다. 입지가 그만큼 매력적이다.

카페는 아주 넓은 땅을 차지하고 있다. 부지가 압도적이다. 넓은 정원과 잔디밭, 야외 벤치, 잘 꾸며놓은 포토존. 부족한 게 없어 보인다. 부지도 압도적이지만 루프톱에서 바라보는 전망도 압도적이다. 휴일로의 시그니처 메뉴은 한라산을 본떠 만든 케이크이다. 빵은 매일 굽는다. 에스프레소, 라테 등 커피 종류도 다양하다. 맥주도 즐길 수 있다. 휴일로의 멋진 풍경을 보면 정말이지 맥주 생각이 절로 난다. 카페 앞으로 제주올레 9코스가 지난다. 10분 조금 더 걸으면 9코스의 종점인 대평포구이다. 멋진 풍경을 눈에 넣으며 산책 삼아 걸어도 좋겠다.

ONE MORE **주변 명소와 맛집**

박수기정 서귀포시 안덕면 감산리 1008

까사디노아 피자, 수제맥주, 와인

서귀포시 안덕면 대평로 42 064-738-1109 매일 11:30~21:00(브레이크타임 15:00~17:00, 일·월 휴무)

제주진미마돈가 본점 말고기코스요리, 말갈비탕, 흑돼지고기

서귀포시 안덕면 대평감산로17 064-738-2346

11:00~22:00(브레이크타임 15:30~17:00, 주문 마감 21:00, 수요일 휴무)

풀베개

Cafe & Bakery

서귀포시 안덕면 화순서서로 492-4 064-792-2717 10:00~20:00(주문 마감 19:00)
커피, 음료, 맥주, 디저트 ₩ 1인 10,000원 전용 주차장 반려동물 동반가능 @pullbege

제주 감성이 스며든 빈티지 카페

서귀포시 안덕면 서광리에 있다. 전통 가옥을 개조해 카페로 만들었다. 빈티지 느낌을 살리기 위해 내부는 리뉴얼하면서도 외부는 최소한으로 손을 댔다. 제주 분위기를 그대로 살린 점이 매력적이다. 풀베개는 이름에서 자연의 향기가 느껴진다. 카페 이름은 일본의 소설가 나쓰메 소세키의 소설 제목에서 이름을 따왔다. 주인이 소세키를 좋아해 이렇게 이름 지었다. 카페는 본관과 분관으로 나누어져 있는데, 통유리창을 통해 제주 풍경이 그대로 실내로 들어온다. 어느 계절에 가도 제주 감성을 고스란히 느낄 수 있다. 바다 풍경을 감상할 수 있는 카페가 많지만, 풀베개는 이와는 다른 또 하나의 제주, 이를테면 제주의 햇살, 바람, 동백의 낙화, 마당의 고요, 새가 지저귀는 소리를 빠짐없이 체험할 수 있다. 야외 자리에 앉으면 이런 분위기를 다 느낄 수 있다. 제주 분위기를 마음껏 감각하기 참 좋다. 커피와 음료, 디저트를 즐길 수 있다.

ONE MORE 주변 명소와 맛집

오설록티뮤지엄 서귀포시 안덕면 신화역사로 15

한와담 제주점 육회비빔밥, 차돌정식, 한우구이
서귀포시 안덕면 녹차분재로 44-7 107호 064-792-6578 매일 11:00~22:00(브레이크타임 15:00~17:00)

페를로 피자, 파스타, 스테이크
서귀포시 안덕면 덕수회관로74번길 0507-1396-9501 매일 11:00~21:00(브레이크타임 15:30~17:00)

무로이

Cafe & Bakery

서귀포시 안덕면 동광본동로 21 070-5111-9979 10:00~20:00, 마지막 주문 19시 (연중 무휴)
커피, 아이스크림, 음료, 디저트 ₩ 1인 10,000원 주차 가능 @_muroi

마치 미술관에 온 듯한

안덕면 동광리의 조용하고 한적한 마을에 있는 대형 베이커리 카페다. 짙은 검은색 건물이 인상적인데, 카페가 아니라 마치 미술관 같다. 검정 외관에서 풍기는 분위기부터 기대감이 차오른다. 검은 벽 사이로 들어서면 제주옹기를 오브제로 전시하고 있다. 실내로 들어서면 음악이 흘러나오고, 맛깔스러운 베이커리가 전시되어 있다. 검정 카페에 걸맞게, 제주의 검은 현무암을 연상시키는 여러 베이커리가 눈길을 끈다. 제주 녹차와 한라봉 등을 활용한 빵까지 베이커리 종류가 다양하다. 음료와 베이커리를 주문하고 다시 길게 이어진 복도를 지나면 자리를 잡을 수 있다. 의자에 앉으면 통유리를 통해 제주의 자연을 그대로 옮겨 놓은 정원이 눈에 들어온다. 극도로 심플한 인테리어가 정원에 집중하며 사색을 즐길 수 있도록 도와준다. 그냥 아무것도 하지 않고 창밖만 바라보아도 기분이 좋아진다. 날이 좋다면, 정원으로 나가 제주의 햇살과 놀아도 좋겠다.

ONE MORE 주변 명소와 맛집

오설록티뮤지엄 서귀포시 안덕면 신화역사로 15

고바진 흑돼지구이, 백돼지구이, 열무국수
서귀포시 안덕면 신화역사로 578-1 0507-1370-2596 11:30~21:00(브레이크타임 15:00~17:00, 일·월요일 휴무)

풍로 숙성돼지 오마카세
서귀포시 안덕면 신화역사로 423 마마뜰 상가동 2층 064-792-1108 매일 16:00~22:00

PART 4

동부권

조천읍·구좌읍 카페
우도·성산읍·표선면·남원읍 카페

Cafe & Bakery

동부권 카페 지도
북촌에가면
오후다섯시
두가지착각조차도
함덕해수욕장
카페점점
오붓한테이블
오드랑베이커리
언더라운지
델문도
조천읍
자드부팡
카페 더 콘테나
제주시
5L2F
97
1136
에코랜드
교래자연휴양림
절물자연휴양림
산굼부리
한라생태숲
마방목지
돌카롱 사려니숲길점
사려니숲길
대록산
1131
1118
한라산 백록담
남원읍
카페이피엘(4km)
모노클제주(3.8km)

머문
월정리해수욕장
녕해수욕장
1132
카페리
미엘드세화
달책방
카페한라산
만장굴
카페공작소
카페록록
블랑로쉐
카페샬레
1132
1112
구좌읍
우도
비자림
다랑쉬오름
술의식물원
풍림다방 송당점
오른
오르다
용눈이오름
성산일출봉
안돌오름
어니스트밀크
호랑호랑
아부오름
112
커피박물관바움
빛의벙커
블루보틀 제주
성산읍
섭지코지
1119
보롬왓
1136
목장카페드르쿰다
성읍민속마을
카페아오오
김영갑갤러리
아줄레주
97
신천목장/신풍목장
표선면
표선해수욕장
코코티에
136
1132

카페 점점

Cafe & Bakery

제주시 조천읍 신촌리 2384 0507-1360-0357 매일 11:00~20:00
커피, 음료, 디저트 ₩ 1인 10,000원 전용 주차장 ⓘ 애완동물 동반가능 @jeomjeom_

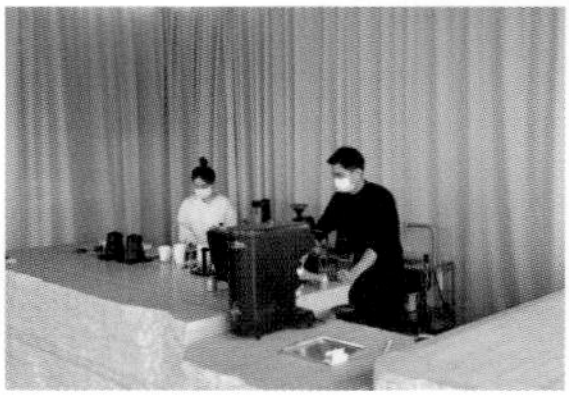

진하고 달콤한 커피 한잔

제주올레 18코스의 막바지, 조천읍 신촌리에 있다. 닭머르 해안 산책로를 빼고는 명소가 적어서 주변이 비교적 조용하고 한적하다. 동네만큼이나 카페도 조용하고 아늑하다. 주인은 아쉬울 수 있겠지만, 사실은 그래서 더 애착이 간다. 카페는 신촌리의 작은 언덕에 자리를 틀었다. 검정 벽돌로 지은 2층 건물은 소박한 돌담과 키가 작은 집이 많은 탓에 이 동네에선 제법 모던하고 반듯하다. 해안도로에서 조금 걸어 계단을 오르면 이윽고 카페이다. 카페 안으로 들어서면 커피 향이 먼저 다가와 인사를 한다. 내부는 소박한 듯 모던하다. 노출 콘크리트와 원석을 그대로 살린 아일랜드 주방이 인상적이다. 점점의 시그니처 메뉴인 '점점 라테'와 디저트 '모나카'이다. 라테는 부드러운 듯 달콤하고, 모나카는 담백한 듯 달콤하다. 커피 한 모금 마시고 창밖으로 시선을 돌리면 저 앞은 푸른 바다다. 저녁 무렵, 서쪽 바다로 떨어지는 석양이 아름답다.

ONE MORE **주변 명소와 맛집**

닭머르 해안길 제주시 조천읍 신촌리 3404

딜레탕트 커피, 음료, 디저트
제주시 조천읍 신북로 144 0507-1381-0727 매일 10:00~20:00(휴무는 네이버 공지)

오붓한 테이블

Cafe & Bakery

제주시 조천읍 조천3길 2 010-3598-5474 매일 11:00~18:30(토·일 휴무)
커피, 음료, 디저트, 와인 ₩ 1인 10,000원~20.000원 가게 앞 주차장 10세 이하 노키즈존, 네이버 혹은 문자 예약
@private_table_

한 팀만 받는 예약제 카페

조천읍 조천리 주택가에 있는 한 팀만을 위한 예약제 카페이다. 아는 사람만 아는 카페였으나 TV 여행 프로그램 <잠적>에 나오면서 널리 알려졌다. 2~4인이면 원하는 날, 원하는 시간에 이용할 수 있다. 카페 이름처럼 오붓함을 지향하기에 4인 이상 예약은 받지 않는다. 이곳은 보통의 카페와는 분위기가 확연히 다르다. 많은 손님, 머신 소음, 소음을 감추려는 틀어놓은 음악 소리. 오붓한 테이블엔 이런 것이 없다. 아담한 카페 전체가 오직 한 팀만을 위한 공간이다. 예약 가능한 시간은 오전 11시부터 18시 30분까지이고, 한팀이 1시간 30분 동안 이용할 수 있다. 저녁 시간에는 와인바로도 이용할 수 있는데, 5시 30분부터 3시간 동안 사용할 수 있다. 주변 신경 쓰지 않고 여유롭게 오붓한 시간을 보내고 싶은 분에게 추천한다. 메뉴는 카페라테, 한라봉, 크로플, 브라우니 등이 있다.

ONE MORE **주변 명소와 맛집**

조천만세동산 제주 제주시 조천읍 조천리 1142-1

연북정 제주시 조천읍 조천리 2690

조천고깃간 흑돼지구이, 김치찌개, 비빔국수, 동치미국수
제주시 조천읍 신북로 214 064-782-0214
16:00~23:00(화요일 휴무)

조천수산 황돔회, 광어회, 전복, 뿔소라
제주시 조천읍 조천북1길 35-8 064-782-1426
15:00~21:00(화요일 휴무)

오후 다섯 시 두 가지 착각 조차도

Cafe & Bakery

제주시 조천읍 조함해안로 273-37 064-784-8889 매일 10:30~18:30(변동 시 인스타그램에 공지)
커피, 음료, 디저트 ₩ 1인 10,000원 전용 주차장 @5pmillusion

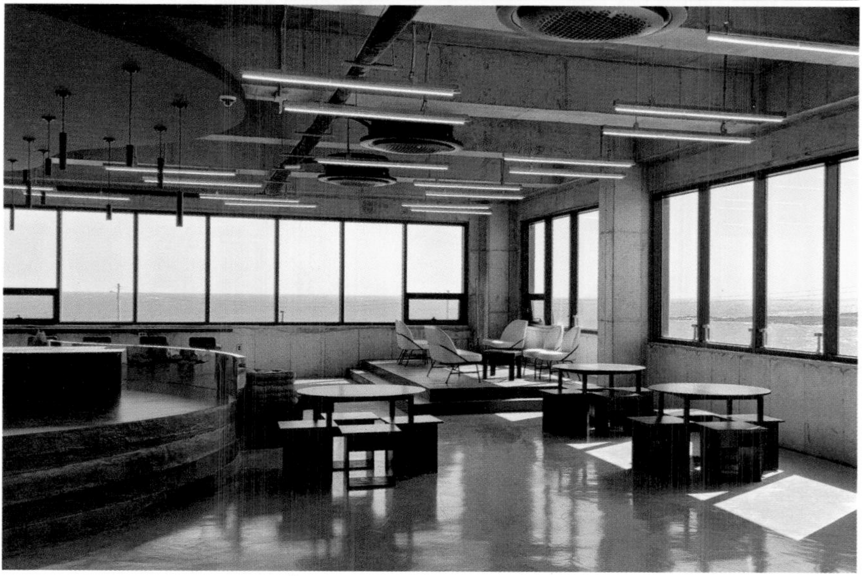

바리스타의 자존심이 담긴 커피

조천읍 신흥리 조함해안로 제주올레 19코스에 있다. 작고 조용한 신흥리 해변에 혜성처럼 등장한 2층 카페다. 실내 분위기는 그레이와 화이트 톤 인테리어에 원목 가구와 식물을 적절하게 배치하여 개성 있으면서도 편안함을 준다. 시그니처 메뉴는 카페 이름을 그대로 살린 아이스라테 '두 가지 착각'과 솔티드캐러멀 '조차도'이다. 이름만큼 맛도 특별하다. 커피와 어울리는 치아바타 등 다양한 베이커리도 즐겁게 골라보자. 커피는 2층에서 마시자. 삼면이 통창인데, 한 면에선 풀밭 너머로 바다가 보이고, 나머지 2면은 그대로 바다 뷰이다. 더 멋진 전망을 보고 싶으면 루프톱으로 올라가자. 와~! 풍경이 2층보다 더 압도적이어서 자신도 모르게 탄성이 나온다. 카페 앞은 신흥리 해수욕장이다. 아직은 여행자에게 덜 알려진 해변이다. 여름 성수기를 빼면 대부분 인적이 드물다. 시간 여유가 있다면 신흥해수욕장을 산책해도 좋겠다. 인적이 드물어 호젓하게 바다를 즐기기 좋다. 바다를 벗어나도 한동안 푸른 파도가 당신의 귓가에서 음악 소리를 낼 것이다.

ONE MORE **주변 명소와 맛집**

신흥해수욕장 제주시 조천읍 조함해안로 273-35

문개항아리 조천본점 문어라면, 한치라면, 문어튀김
제주시 조천읍 조함해안로 217-1 0507-1389-4775
매일 09:30~20:00

무거버거 당근버거, 시금치버거, 마늘버거
제주시 조천읍 조함해안로 356 0507-1319-507
매일 10:00~20:00(라스트오더 19:00)

델문도

Cafe & Bakery

제주시 조천읍 조함해안로 519-10 064-702-0007 매일 07:00~24:00
커피, 디저트, 한라봉에이드 ₩ 1인 10,000원 공영주차장 반려동물 동반가능 @cafe_delmoondo

에메랄드빛 바다가 한눈에 보이는

제주도 동부에서 가장 인기가 많은 카페 가운데 하나이다. 나모나모, 몽상드애월, 하이엔드제주, 바다다, 우도의 블랑로쉐. 오션 뷰 카페는 열 손가락에 다 꼽을 수 없을 만큼 많다. 하지만 그중에서도 델문도는 조금 더 특별하다. 이곳은 제주도를 통틀어 최고의 바다 전망 카페이다. 바로 코앞이 바다다. 야외 테라스로 나가면 함덕의 바다가 와락 품에 안긴다. 에메랄드빛 바다가 발아래부터 저 멀리 수평선까지 푸른 비단처럼 황홀하게 펼쳐져 있다. 마치 외국의 휴양지에 온 듯 마음이 설렌다. 감탄사가 절로 나오고, 누구나 서둘러 휴대전화를 카메라 모드로 돌리기 마련이다. 테라스 자리는 비가 오거나 추운 날을 제외하곤 언제나 인기가 많다.
바다 풍경! 이곳에 오는 사람은 대부분 풍경 때문이다. 이른 아침부터 늦은 밤까지 문을 열지만, 그래도 사람의 발길이 끊이지 않는다. 델문도는 원래 원두 로스터리로 유명하지만, 환상적인 풍경에 밀려 그것이 델문도를 가야 할 이유는 아니었다. 하지만 이제는 베이커리를 강화하여 디저트 카페로 불러도 손색이 없다. 멋진 풍경과 맛있는 커피 그리고 달콤한 디저트. 델문도는 이제 카페가 갖추어야 3박자를 완결했다.

ONE MORE **주변 명소와 맛집**

함덕해수욕장 제주시 조천읍 조함해안로 525

서우봉 제주시 조천읍 함덕리 169-1

고집돌우럭 함덕점 우럭조림 세트 메뉴
제주시 조천읍 신북로 491-9 064-783-6060 매일 10:00~21:30(브레이크타임 15:00~17:00)

해녀김밥 전복김밥, 딱새우김밥
제주시 조천읍 조함해안로 490 오션그랜드호텔 1층 064-782-3005
10:00~22:00(브레이크타임 15:00~17:00, 셋째 목요일 휴무)

순옥이네명가 함덕점 전복물회, 전복뚝배기, 성게미역국
제주시 조천읍 함덕로 6 064-784-4813 09:00~21:00(브레이크타임 15:30~17:00, 첫째·셋째 화요일 휴무)

오드랑베이커리

Cafe & Bakery

제주시 조천읍 조함해안로 552-3 064-784-5404 매일 07:00~22:00
마농바게트, 베이글, 먹물치아바타, 커피 ₩ 1인 10,000원 이내
가게 앞 주차장, 근처 공영주차장 반려동물 동반 불가

제주도 '빵지 순례' 단골 코스

함덕해수욕장의 소노벨제주 리조트 후문 앞에 있다. 빵지순례자와 마농마늘바게트를 좋아하는 이들에겐 필수 방문지가 된 지 오래다. 멀리서 보아도 선명한 녹색 외관이 눈에 띈다. 유럽의 어느 베이커리 같다. 그러나 내부에는 한국인 입맛에 찰떡인 빵들이 가득하다. 단연 최고 인기 메뉴는 마농바게트이다. 일반적으로 아는 마늘바게트와 식감부터 다르다. 마늘과 버터, 비법 스프레드를 듬뿍 넣어 매우 촉촉하고 부드럽다. 과하지 않은 단짠 조합이 매력적이다. 우리가 어떤 민족인가? 감바스에 새우보다 마늘을 더 넣고, 고기 한 점에 마늘 한 쪽은 기본인 마늘의 민족 아니던가. 마농바게트는 마늘의 민족에게 실패 없는 완벽한 맛이다. 단점이라면 너무 인기가 많아 품절이 빨리 된다는 것이다. 먹물치아바타, 고르곤졸라, 초코퐁듀 등 다른 메뉴도 풍미가 가득해 평이 좋다. 빵과 함께 먹을 수 있는 커피, 에이드 등 다양한 음료도 판매한다.

ONE MORE 주변 명소와 맛집

함덕해수욕장 제주시 조천읍 조함해안로 525

고집돌우럭 함덕점 우럭조림 세트 메뉴
제주시 조천읍 신북로 491-9 064-783-6060 매일 10:00~21:30(브레이크타임 15:00~17:00)

순옥이네명가 함덕점 전복물회, 전복뚝배기, 성게미역국
제주시 조천읍 함덕로 6 064-784-4813 09:00~21:00(브레이크타임 15:30~17:00, 첫째·셋째 화요일 휴무)

언더라운지 제주함덕점

Cafe & Bakery

제주시 조천읍 함덕로 40 5층~6층 0507-1481-3688 12:00~02:00(화요일 휴무)
망고스무디, 청귤에이드, 비치퍼커, 모히토, 무알콜칵테일 ₩ 1인 10,000~20,000원 지하주차장, 길가 주차
칵테일바는 오후 2시부터, 변동이 있으므로 확인 필요 @underlounge.jeju

함덕 최고의 전망 명소

언더라운지 제주함덕점은 높은 위치에서 황홀한 풍경을 즐길 수 있는 최고의 뷰 맛집이다. 제주에서 가장 맑고 영롱한 바다를 자랑하는 함덕해수욕장과 조함해안로, 그리고 봄이 되면 유채꽃이 만발하는 서우봉, 반대편으로는 웅장한 자태의 한라산까지 눈에 넣을 수 있다. 삼면의 유리창을 액자 삼아 한 폭의 그림 같은 경치를 감상할 수 있다. 루프톱으로 올라가면 바람을 느끼며 생생한 자연 뷰를 4D로 즐길 수 있다. 이곳은 카페와 칵테일바를 동시에 운영하고 있다. 트렌디한 음악이 공간을 채우고, 다트도 할 수 있다. 언더라운지를 즐기는 가장 좋은 방법은 맑은 날 해가 지기 전에 방문하는 것이다. 아름다운 경치와 석양을 감상하고, 해가 지면 신나는 음악을 들으며 함덕의 푸른 밤을 만끽하는 것이다. 풍경, 음악, 칵테일! 언더라운지가 당신의 오감을 만족시켜줄 것이다.

ONE MORE **주변 명소와 맛집**

함덕해수욕장 제주시 조천읍 조함해안로 525

서우봉 제주시 조천읍 함덕리 169-1

오드랑베이커리 마농바케트, 베이글, 먹물치아바타
제주시 조천읍 조함해안로 552-3 064-784-5404 매일 07:00~22:00

고집돌우럭 함덕점 우럭조림 세트 메뉴
제주시 조천읍 신북로 491-9 064-783-6060 매일 10:00~21:30(브레이크타임 15:00~17:00)

북촌에 가면

Cafe & Bakery

제주시 조천읍 북촌5길 6 064-752-1507 10:00-18:00(화요일 휴무)
카페라떼, 딸기라떼 ₩ 1인 7,000원 전용 주차장 ⓘ 음료를 구매해야 입장 가능 @mrs.bookchon

핑크빛 제주의 가을을 만나고 싶다면

북촌에 가면은 주인장의 수고로 사계절 아름다운 꽃을 만날 수 있는 카페다. 특히 가을과 겨울을 잇는 시기에 제주 바람에 흩날리는 핑크뮬리 꽃밭은 제주에서도 손꼽히는 대표적인 핑크뮬리 명소다. 온종일 봐도 질리지 않고 기분마저 좋아지는 핑크뮬리의 풍경 때문에 11월이 되면 이곳을 찾는 사람들로 북적인다. 핑크뮬리는 미국 서부나 남부의 따뜻한 지역 평야에서 자생하는 외래 식물이다. 9~11월경 분홍색 꽃이 피어 조경용으로 식재되는 여러해살이풀이다. 제주에서는 보통 11월이 되어야 만개한다. 꽃이삭이 쥐꼬리를 닮았다고 해서 우리말로는 '분홍쥐꼬리새'라고도 불린다. 북촌에 가면은 아름다운 꽃밭 정원을 무료로 관람할 수 있는 대신 1인 1음료를 구매해야 입장할 수 있다. 음료 가격이 저렴하진 않지만 멋진 정원을 마음껏 다닐 수 있고 주인장 카메라로 직접 찍어주는 인생 사진을 원본으로 받는 것까지 포함되어 있다. 음료는 영수증을 보관하고 있다가 원할 때 교환하면 된다. 굳이 일회용 컵을 들고 다니지 않아도 된다. 아름다운 핑크뮬리에 둘러싸여 즐거운 시간을 보내는 것은 어떨까.

ONE MORE **주변 명소와 맛집**

서우봉 제주시 조천읍 함덕리 169-1

너븐숭이4.3기념관 제주시 조천읍 북촌3길 3

해녀의부엌 북촌점 해녀 공연과 제주 토속 코스 요리

제주시 조천읍 북촌9길 31 0507-1476-1585

매일 10:00~18:00(브레이크타임 14:00~16:00, 월·화·수 휴무)

아라파파 북촌

Cafe & Bakery

제주시 조천읍 북촌15길 60 064-764-8204 10:00~20:00(첫째·둘째 수요일 휴무)
케이크, 크루아상, 머핀, 홍차밀크잼 ₩1인 10,000원 전용 주차장 @alapapa_bukchon

오션 뷰 베이커리 카페

조천포구 옆 올레 19코스에 있다. 아라파파는 프랑스어로 '여유로운'이라는 뜻이다. 제주시 본점의 인기에 힘입어 북촌 바닷가에 2호점을 오픈했다. 카페 문을 열면 고소한 빵 냄새가 먼저 인사한다. 바닥, 기둥, 벽, 천장이 모두 흰색이라 실내 분위기가 환하고 편안하다. 본점이 그렇듯 빵 종류가 제법 다양하다. 식빵부터 케이크, 머핀, 크림빵, 크루아상까지 없는 게 없다. 맛은 이미 정평이 나 있으니 걱정할 필요 없다. 아라파파는 빵만큼이나 수제 잼이 유명하다. 홍차밀크잼의 유명세는 말할 것도 없고, 제주딸기잼과 우도땅콩잼도 인기가 많다. 아라파파북촌의 또 다른 매력은 100만 불짜리 경치다.

건물 뒤편으로 가면 선물처럼 푸른 바다가 펼쳐진다. 바다는 작은 돌이 깔린 마당에서 시작하여 수평선에 이르러 하늘과 만난다. 날씨가 좋은 날에는 야외 테이블에 자리를 잡자. 눈으로는 바다를 감상하고, 귀로는 파도 소리를 들으며 빵과 커피를 즐길 수 있다. 행복 지수가 마구마구 올라갈 것이다. 마당에서 바다로 내려가는 길이 있다. 시간이 된다면 잠시 해변을 산책하는 것도 잊지 말자.

ONE MORE 주변 명소와 맛집

너븐숭이4.3기념관 제주시 조천읍 북촌3길 3

해녀의부엌 북촌점 해녀 공연과 제주 토속 코스 요리

제주시 조천읍 북촌9길 31 0507-1476-1585 매일 10:00~18:00(브레이크타임 14:00~16:00, 월·화·수 휴무)

카페 더 콘테나

Cafe & Bakery

제주시 조천읍 함와로 513 064-784-5130 10:30~18:00(수 휴무)
제주보리라테, 귤라테, 콘테나커피, 판나코타 ₩ 1인 7,000원
전용 주차장 8세 이상 입장 가능, 감귤 수확 시기 비정기적 휴무 @cafe_the_container

건축이 인상적인 귤밭 카페

조천읍의 중산간 마을 와산리에 있다. 귤을 담거나 보관하는 노란색 플라스틱 용기를 제주에서는 콘테나라고 부른다. 카페 더 콘테나는 감귤 상자를 닮은 건축으로 유명하다. 카페 모양이 워낙 독특해 멀리서도 눈길을 끈다. 카페는 콘테나가 가장 잘 어울리는 감귤밭에 자리를 잡았다. 계단을 따라 귤이 한가득 있을 것만 같은 노란 상자 안으로 들어가면, 그곳이 곧 아늑한 카페이다. 창가에 앉으면 넓게 펼쳐진 귤밭이 내려다보인다. 카페 더 콘테나에선 귤밭을 감상하는 것을 넘어 귤밭 안으로 직접 들어갈 수도 있다. 귤밭 사이로 직접 들어가 봄엔 귤꽃 향기를 맡고, 가을엔 노랗게 익어가는 귤을 직접 구경할 수 있다. 입구에서 음료를 주문한 뒤 아래층 귤밭으로 내려가면 디자인특허를 냈다는 '도르래'가 손님에게 음료를 배달해준다. 아날로그적 감성을 자극하는 수동 도르래가 내려올 때면 하늘에서 선물이 내려오는 기분이 들어 저절로 기분이 좋아진다. 이 카페의 시그니처 메뉴는 콘테나크림라테와 제주 보리로 만든 라테, 농장에서 재배한 신선한 풋귤로 만든 에이드이다. 맛에 대한 손님들 평가가 좋은 편이다. 감귤이 익는 농장에서 인생 샷을 찍고 싶다면 카페 더 콘테나로 가자.

ONE MORE **주변 명소와 맛집**

제주조천스위스마을 제주시 조천읍 함와로 566-27(스위스마을 컬러스테이)

상춘재 성게비빔밥, 멍게비빔밥, 돌문어비빔밥, 꼬막비빔밥

제주시 조천읍 선진길 26 064-725-1557 10:00~15:30(월·화 휴무, 주문 마감 15:20)

5L2F

Cafe & Bakery

제주시 조천읍 와흘상길 30 064-752-5020 10:00~18:00(일·월 휴무)
크림크레마, 뜬구름시나몬, 군밤 ₩ 1인 7,000원 전용 주차장 @5l2f_coffee

스페인의 전원 마을 같은 카페

조천읍의 와흘리 중산간 마을에 있는 멋진 카페이다. 함덕해수욕장에서 북서쪽으로 자동차로 15분 남짓 달리면 이윽고 카페가 나온다. 중산간 좁은 시골길을 따라 굽이굽이 오르다 동화 속에서나 존재할 것 같은 오두막 같은 건물이 보인다면 5L2F를 제대로 찾은 것이다. 카페 이름은 성경 속에 나오는 보리 떡 5개와 물고기 2마리(5 loaves 2 fishes)의 기적인 오병이어를 뜻한다. 실내엔 빈티지 가구와 아기자기한 소품 그리고 초록 식물이 가득하다. 은은한 커피 향과 차분한 음악 그리고 푸른 식물들이 아늑한 분위기를 만들어준다. 창문으로 햇살이 가득 들어올 때면 스페인 어느 시골 오두막에 와 있는 것 같은 착각마저 든다. 덕분에 어디에 앉아 사진을 찍더라도 인스타 감성 사진을 남길 수 있다. 스페셜 커피와 다양한 차를 음미할 수 있고, 가벼운 디저트도 준비되어 있다. 집으로 돌아갈 즈음 여행을 되새겨보면 이곳에 머물렀던 시간이 제법 특별한 순간이었음을 알게 될 것이다.

ONE MORE 주변 명소와 맛집

와흘메밀농촌체험휴양마을 제주시 조천읍 남조로 2455

낭뜰에쉼팡 성게비빔밥, 멍게비빔밥, 돌문어비빔밥, 꼬막비빔밥
제주시 조천읍 남조로 2343 064-784-9292 매일 09:00~20:30(브레이크타임 16:00~17:00, 주문 마감 19:30)

돌카롱 사려니숲길점

Coffee & Bakery

제주시 조천읍 비자림로 422-2 064-783-5261 매일 10:00~18:00(재료 소진 시 마감)
유채꽃카롱, 억새카롱, 수국카롱, 이호테우카롱 ₩ 1인 20,000원
전용 주차장 ⓘ 제주공항과 중문에도 지점이 있다. @dolcaron

제주의 빛깔을 닮은 마카롱

프랑스 국적의 마카롱이 제주에 와서 새롭게 태어났다. 이름하여 돌카롱이다. 현무암을 닮은 검정 머랭 크러스트와 제주의 색채에서 힌트를 얻은 필링이 조화를 이루고 있다. 프랑스 디저트에 제주의 감성과 이미지를 입힌 점이 독특하고 인상적이다. 노랑, 빨강, 하양…. 겉은 현무암 빛깔의 검은 크러스트를 사용하지만 필링은 의외로 화려하다. 유채카롱, 이호테우카롱, 수국카롱, 억새카롱. 필링의 빛깔에 따라 돌카롱 이름이 지었다. 필링은 제주의 색깔처럼 다채롭고, 이름은 더없이 제주답다. 돌카롱을 한입 베어물면 작고 달콤한 과자의 매력에 빠지게 된다. 이름에 따라 필링을 따로 만들기 때문에 각각 고유의 맛이 진하다. 돌카롱 사려니숲길점은 사려니숲길과 산굼부리, 에코랜드에서 가깝다. 매장 앞 정원에는 철마다 아름다운 꽃밭이 펼쳐진다. 잊지 말고 인생사진도 찍어보자.

ONE MORE **주변 명소와 맛집**

사려니숲길 서귀포시 표선면 가시리 산158-4(붉은오름 입구 주차장), 제주시 봉개동 산64-5(비자림로 입구 주차장)

산굼부리 제주시 조천읍 비자림로 768

금보가든 누룽지삼계탕, 토종닭, 흑돼지두루치기
제주시 조천읍 비자림로 639 064-782-7158 매일 10:30~17:00

우동카덴 제주점 덴푸라우동, 붓카케우동, 야마카케우동, 새우튀김
제주시 조천읍 교래3길 23 064-784-6262 10:00~19:00(브레이크타임 15:00~16:00, 화·수 휴무)

자드부팡

Cafe & Bakery

제주시 조천읍 북흘로 385-216 0507-1321-7634 11:00~17:00(토·일 휴무)
카페라테(디카페인 가능), 얼그레이 밀크티, 브리오슈, 레몬파운드, 마리토초 ₩ 1인 15,000원~20,000원
전용 주차장 1인 1음료 원칙, 웨딩 및 촬영 대관 가능(토·일), 카페 입구까지 가는 길이 매우 좁아 주의 운전 필요
@jas_de_bouffan

프로방스를 닮은 숲속 카페

자드부팡jas de bouffan은 프로방스 감성이 짙게 풍기는 디저트 카페다. 동백동산 곶자왈 숲길을 탐방하다 만나게 되는데, 이국적인 외관이 동화 속 요정의 집과 닮았다. 비포장 숲길을 조심조심 지나야 만날 수 있어 더욱 신비스럽다. 카페 이름은 인상주의 화가 '폴 세잔'이 그림을 그리며 지냈던 엑상프로방스 별장의 이름에서 따왔다. 실제 세잔이 그린 자드부팡의 건물과 오렌지 나무 정원 그리고 밤나무 산책로를 연상시킨다. 외관에 마음이 끌렸다면 내부는 실로 감탄이 절로 나온다. 파스텔 컬러, 나무로 만든 창문, 화분으로 장식한 창틀…. 인위적으로 과장해서 꾸미기보다는 일상의 소박한 멋을 그대로 표현한 프로방스 감성이 곳곳에 흐른다. 여기에 앤티크 촛대와 낡은 랜턴, 빈티지 장식장, 린넨 테이블보를 씌운 나무 식탁이 소박하면서도 편안한 멋을 풍긴다. 한마디로, 프로방스 감성의 전원풍 인테리어를 완벽히 재현했다. 틀림없이 프로방스의 작은 도시를 여행하며 영감을 얻었으리라. 여기서 끝이 아니다. 커피와 디저트도 훌륭하다. 모든 베이커리는 직접 반죽하고 굽는다. 라테를 비롯한 커피, 알록달록한 음료들, 예쁘고 달콤한 디저트, 그리고 눈을 돌리면 편안하게 다가오는 제주의 자연, 무엇 하나 부족한 게 없다. 쉼표 같은 '자드부팡'에서 프로방스 감성을 제대로 느껴보자.

ONE MORE **주변 명소와 맛집**

동백동산 제주시 조천읍 동백로 77 064-784-9445

선흘방주할머니식당

두부전골, 검정콩국수, 삼채곰취만두, 고사리비빔밥

제주시 조천읍 선교로 212 064-783-1253

10:00~19:00(겨울 10:00~18:00, 일요일 휴무)

공백

Cafe & Bakery

제주시 구좌읍 동복로 83 064-783-0015 10:00~19:00(주문 마감 18:30)
망고스무디, 한라봉에이드, 커피, 디저트 ₩ 1인 10,000원 안팎 전용 주차장 @gongbech.official

카페, 갤러리, 그리고 바다

제주시 구좌읍 동북리 바닷가에 있는 오션 뷰 카페이다. 카페와 갤러리 두 채로 구성되어 있다. 2층에서 주문하고 1층으로 내려가 커피를 마시면 된다. 1층 카페는 복도를 사이에 두고 본관과 별관으로 나누어져 있다. 커피를 주문하려고 2층으로 가면 계산대 통창을 통해 푸른 바다가 와락 다가온다. 카페엔 독특하게 테이블이 없다. 넓은 공간에 곡선을 그리며 빨간 의자가 길게 이어진다. 카페가 아니라 전시실의 조형물 같다. 창밖은 푸른 바다다. 공백의 시그니처 메뉴는 망고스무디이지만, 이보다 더 큰 매력은 바다이다. 창문 너머로 펼쳐지는 바다를 보고 있으면 저절로 마음이 평온해진다. 한여름이 아니라면 야외 테이블에서 커피를 즐겨도 좋겠다. 바다는 음악 같은 파도 소리를 계속 연주해주고, 태양은 금빛 햇살로 당신의 제주 여행을 환영해준다.
카페도 매력적이지만 옆에 있는 갤러리는 더 독특하다. 외관은 영락없이 쓸모가 다해 버린 창고나 공장 같다. 폐공장 같은 오래된 콘크리트 건물에 최소한의 손길을 더해 거칠고 빈티지한 문화공간을 만들었다. 겉으로 보면 그로테스크한 공간이지만 사실은 최고의 인생 샷을 얻을 수 있다. 갤러리 계단을 오르면 하늘과 바다가 한꺼번에 와락 달려든다. 누구나 그곳에 서면 스마트폰을 꺼내 사진을 찍게 된다. 공백의 작은 단점이라면 주차장에서 조금 걸어야 한다는 점, 커피와 음료가 조금 비싼 편이라는 것이다.

ONE MORE 주변 명소와 맛집

김녕해수욕장 제주시 구좌읍 해맞이해안로 7-6

김녕요트투어 제주시 구좌읍 구좌해안로 229-16 0507-1341-5271

곰막식당 성게국수, 고등어회, 회국수, 회덮밥
제주시 구좌읍 구좌해안로 64 064-727-5111 09:30~21:00(마지막 주문 20:00, 화요일 휴무)

해녀의부엌 북촌점 해녀 공연과 제주 토속 코스 요리
제주시 조천읍 북촌9길 31 0507-1476-1585 매일 10:00~18:00(브레이크타임 14:00~16:00, 월·화·수 휴무)

카페 모알보알 제주점

Cafe & Bakery

제주시 구좌읍 구좌해안로 141 010-5039-3506 10:00~18:00(주문 마감 17:30)

한라봉에그타르트, 조천리얼말차 ₩ 1인 8,000원

전용 주차장 노키즈존(중학생부터 출입 가능), 반려동물 동반가능(케이지, 리드 줄 사용 필수) @moalboal.jeju

이국적인 분위기와 포토존이 가득한

김녕해수욕장에서 제주시 방향으로 차로 6분 거리에 있다. 주차장에서 보이는 짙은 회색 건물은 의외로 평범하다. 하지만 카페에 들어서면 첫인상과는 전혀 다른 공간이 기다린다. 모알보알은 세부섬의 지역 이름에서 따왔다. 고래상어, 정어리 떼, 거북이 등의 출몰 포인트로 유명한 곳이다. 카페 이름처럼 내부는 남국의 정취를 짙게 풍긴다. 바닥에 깔린 빈백과 양탄자 위에서 편안히 쉴 수 있고, 형형색색 러그와 라탄 소재 가구들, 천장의 유리 조명과 드림캐처, 식물들이 멋을 더한다. 하와이나 동남아 해변에 있는 히피들의 아지트 같은 모습이다. 푸른 바다가 한눈에 들어오는 전망 또한 어느 오션 뷰 카페에 뒤지지 않는다. 바다로 난 카페 정원으로 나가면 이색 포토존이 이어진다. 침대, 피아노, 욕조 등이 검은 현무암과 바다를 배경으로 놓여있다. 한 편의 영화 포스터 같은 분위기 덕에 모두가 바쁘게 핸드폰 카메라를 움직인다. 사진을 찍을 때마다 멋진 사진을 얻을 수 있다. 시그니처 메뉴는 한라봉에그타르트와 조천리얼말차이다. 테이크아웃용 컵에 그린 물고기 떼 그림이 인상적이다. 에그타르트 등 수제 디저트 메뉴도 갖추고 있다.

ONE MORE 주변 명소와 맛집

김녕해수욕장 제주시 구좌읍 해맞이해안로 7-6

김녕요트투어 제주시 구좌읍 구좌해안로 229-16 0507-1341-5271

곰막식당 성게국수, 고등어회, 회국수, 회덮밥
제주시 구좌읍 구좌해안로 64 064-727-5111 09:30~21:00(마지막 주문 20:00, 화요일 휴무)

김녕미항 회국수, 회덮밥
제주시 구좌읍 구좌해안로 222 064-782-0688 10:30~21:00(브레이크타임 16:00~17:30, 수 휴무)

머문 MOU MOON

Cafe & Bakery

◎ 제주시 구좌읍 해맞이해안로 460 ☏ 070-7585-3519 ◷ 매일 10:00~21:00

Ⓜ 커피, 청귤에이드, 치즈케이크, 스콘 ₩ 1인 6,000원~10,000원

🚗 카페 앞, 월정해수욕장 공영주차장 @moumoon_in_jeju

월정리에 차려진 오션 뷰 카페

월정해수욕장 바로 앞에 있는 바다 전망 카페이다. 카페로 들어서면 완벽한 오션 뷰를 만날 수 있다. 카페는 바다를 바라보고 있다. 넓은 테라스로 나가면 넓은 모래사장과 푸른 바다가 눈 앞에 펼쳐진다. 테라스로 나가지 않더라도 넓은 통창으로 들어오는 바다를 시야 가득 즐길 수 있다. 테이블의 위치와 형태에 따라 다양한 바다 뷰를 감상할 수 있는데, 무엇보다 높은 층고를 활용해 테이블을 계단식으로 설계한 점이 인상적이다. 계단식 설계 덕에 어느 자리에서도 바다를 전망할 수 있다. 라테를 비롯해 커피 종류가 제법 다양하다. 음료 중에서는 청귤에이드 인기가 많다. 스콘, 치즈케이크 같은 디저트도 갖추고 있다. 날이 좋은 날엔 커피나 음료를 테이크 아웃해서 바다로 가도 좋겠다. 바람은 시원하고, 바다는 매혹적인 에메랄드빛이다. 고개를 들면, 거기엔 또 하나의 바다, 눈이 부시게 푸른 하늘이다.

ONE MORE 주변 명소와 맛집

해맞이해안로 ◎ 제주시 구좌읍 월정리 33-3

월정리해수욕장 ◎ 제주시 구좌읍 월정리 33-3

만월당 성게크림파스타, 돌문어파스타, 전복리소토

◎ 제주시 구좌읍 월정1길 56 ☏ 064-784-5911 ◷ 매일 11:00~20:00(브레이크타임 15:00~17:00)

제주로움 현무암카츠, 맨도롱우동, 연어몬딱

◎ 제주시 구좌읍 월정3길 14 2층 ☏ 010-6851-8252 ◷ 11:00~19:00(월·금 휴무, 주문 마감 18:00)

달책빵

Cafe & Bakery

제주시 대수길 10-12 064-782-4847 11:00~18:30(일요일 휴무)

당근케이크, 당근쥬스, 아인슈페너, 평대 바다에이드 ₩ 1인 7,000원~15,000원

평대리 해변 앞 공터 음료나 빵 구매 시에만 책방 이용 가능. 서점은 노키즈존 @moonbookbread

책과 빵을 함께 파는 베이커리 카페

구좌읍 평대리의 해맞이해안로 옆에 있다. 제주의 옛 돌집을 개조한 베이커리 카페로, 책과 빵을 같이 판다. 구좌 당근을 이용해 만든 디저트를 즐기고, 책이 주는 여유까지 더불어 즐길 수 있는 특별한 공간이다. 널찍한 마당을 지나 안으로 들어가면 향긋한 커피 향과 고소한 빵 냄새가 먼저 반겨준다. 창문으로 들어온 따사로운 햇볕이 실내를 아늑하게 밝혀준다. 세월의 흔적이 묻은 빈티지 소품과 가구들이 이 공간에 은은한 생기를 불어넣어 준다. 실내 풍경이 매력적이어서 자연스럽게 카메라를 꺼내게 만든다. 건물이 두 채인데, 안거리는 카페이고 책방은 밖거리에 있다. 두 공간을 구경하는 재미가 있다. 카페 분위기는 그대로 책방으로 이어진다. 책방엔 서점지기가 큐레이션 한 책들이 당신의 손길을 기다리고 있다. 시, 소설, 에세이, 그림책 등 제법 다채롭다. 깔끔하고 정갈한 개인의 서가를 그대로 옮겨놓은 듯하여 더 정감이 간다. 오래 머물며 책을 읽고 싶어진다.

ONE MORE 주변 명소와 맛집

평대해수욕장 제주시 구좌읍 평대리 1994-20

세화해수욕장 제주시 구좌읍 해녀박물관길 27

톰톰카페 콩카레, 야채카레, 버섯카레

제주시 구좌읍 해맞이해안로 1112 0507-1461-1535 11:00~20:00(브레이크타임 15:00~17:00, 월요일 휴무)

카페리 CAFE RI

Cafe & Bakery

제주시 구좌읍 평대2길 39 010-2047-8244 매일 11:30~18:00(주문 마감 17:00)
한라산케이크, 당근케이크, 당근티라미수 ₩ 1인 4,000~8,000원
평대해변 앞 반려동물 동반가능 @cafe_ri_jeju

내가 완성하는 한라산케이크

구좌읍 평대해변에 있는 아기자기하고 제주 감성이 넘치는 카페이다. 평대리는 월정리와 세화리 사이에 있는 작은 해안 마을이다. 분위기가 한적해 여유로운 분위기를 원하는 이들이 즐겨 찾는다. 월정리해수욕장에서 남동쪽으로 해안도로 따라 자동차로 10분, 세화해수욕장에서는 서북쪽으로 차로 6분 거리이다. 카페리는 해변 옆 마을 안에 있다. 돌 창고 모양의 흰색 건물과 낮은 돌담, 그리고 빼곡히 자란 선인장이 눈에 띈다. 따사로운 빛이 실내를 밝게 비추고, 잘 가꾸어 놓은 마당에는 여유가 흐른다. 시그니처 메뉴인 한라산케이크를 꼭 먹어보길 추천한다. 제주도 모양을 한 그릇 위에 쑥 스크럼블을 깔고 한라산 쉬폰 케이크를 올린다. 여기에 우유 크림을 부으면 눈 쌓인 한라산 완성. 맛과 소소한 재미 두 마리 토끼를 모두 잡은 메뉴이다. 당근케이크, 당근티라미수, 당근주스 등 구좌 당근을 만든 여러 가지 디저트를 선보인다.

ONE MORE 주변 명소와 맛집

평대해수욕장 제주시 구좌읍 평대리 1994-20

세화해수욕장 제주시 구좌읍 해녀박물관길 27

평대성게국수 성게국수, 뿔소라비빔국수, 문어숙회
제주시 구좌읍 해맞이해안로 1172 0507-1404-2466 10:00~18:00(수요일 휴무)

카페공작소

Cafe & Bakery

◎ 제주시 구좌읍 해맞이해안로 1446 ☏ 070-4548-0752 ◷ 07:00~19:00
Ⓜ 구좌당근쥬스, 청귤에이드, 당근케이크, 아메리카노 ₩ 1인 5,500~7,500원
주차 가능 ⓘ 예스키즈존, 반려동물 동반 가능 @cafegongjakso

세화해변과 나를 담아

동쪽 여행의 필수 코스인 세화해변 앞에 있다. 2차선 도로를 두고 바다와 마주 보고 있어 내부 어디에서나 바다를 감상할 수 있다. 가장 인기가 좋은 창가 자리에서는 카페공작소의 시그니처 풍경이자 유명 포토존이 보인다. 에메랄드 빛깔 바다와 화분, 그리고 자전거가 놓인 풍경은 말 그대로 그림 같다. 카페 한편에는 아기자기한 일러스트가 담긴 엽서, 마스킹 테이프 등 간단한 소품을 판매한다. 엽서에 편지를 쓰고 가면 정기적으로 일괄 배송해 주는 느린 우체통도 운영한다. 옆 마당에는 바다가 보이는 야외석이, 카페 뒤뜰에는 코타쓰일본식 탁상 난로 스타일의 좌식 테이블이 있다. 만화 <짱구>에 나온 것처럼 이불이 덮인 테이블이다. 달콤한 디저트와 음료를 마시며 삼삼오오 모여 앉아 수다 떨기 그만이다. 인기 메뉴는 구좌당근쥬스와 당근케이크, 제주감귤주스이다. 디저트의 달콤함은 유지하면서 건강한 맛을 냈다. 서쪽으로 500m 떨어진 곳에 안녕세화씨라는 이름의 2호점이 있다.

ONE MORE 주변 명소와 맛집

세화해수욕장 ◎ 제주시 구좌읍 해녀박물관길 27

해녀박물관 ◎ 제주시 구좌읍 해녀박물관길 26 ☏ 064-782-9898

명진전복 전복돌솥밥, 전복구이
◎ 제주시 구좌읍 해맞이해안로 1282 ☏ 064-782-9944 ◷ 09:30~21:30(화 휴무, 주문 마감 20:30)

숙자네숟가락젓가락 통갈치구이, 갈치조림+통갈치구이
◎ 제주시 구좌읍 세평항로 45-2 ☏ 064-783-1418 ◷ 매일 11:00~21:00

미엘드세화

Cafe & Bakery

◎ 제주시 구좌읍 해맞이해안로 1464 ☏064-782-6070 ⓒ 10:00 ~18:00 (수요일 휴무)
Ⓜ 미엘커피, 미엘라테, 생크림케이크(계절별 과일 변동), 당근케이크 ₩ 1인 6,000~8,000원
🚗 카페 앞 갓길 주차, 건너편 공터 이용 ⓘ @miel_de_sehwa

커피, 바다, 그리고 책이 있는

세화해변 동쪽 끝에 있다. 소박하고 조용한 분위기로 꾸준히 사랑받고 있다. 부드러운 커피와 달콤한 케이크, 그리고 책이 있는 공간이다. 바쁜 일상에 쫓겨 읽지 못했던 책도 보고 생각 정리하는 시간을 갖기에 좋다. 바닷가 쪽으로 난 유리창은 폴딩 도어이다. 날씨가 좋은 날엔 완전히 개방된다. 따스한 햇볕과 청량한 바람을 맞으며 해안 마을의 정감 있는 분위기를 즐기다 보면 시간 가는 줄 모른다. 시그니처 메뉴는 미엘커피와 미엘라테이다. 미엘커피는 비엔나커피처럼 커피 위에 부드러운 생크림을, 미엘라테는 라테 위에 달콤하고 쫀득한 우유 크림을 얹어 낸다. 고소한 크림은 기분 좋은 단맛을 내고 알싸한 커피와 잘 어울린다. 당근과 견과류를 넣은 당근케이크와 과일에 부드러운 크림을 더한 생크림케이크도 인기가 좋다. 케이크는 카페에서 직접 만든다. 생크림케이크는 제철 과일을 사용하기 때문에 계절별로 종류가 다르다.

ONE MORE **주변 명소와 맛집**

세화해수욕장 ◎ 제주시 구좌읍 해녀박물관길 27

해녀박물관 ◎ 제주시 구좌읍 해녀박물관길 26 ☏064-782-9898

명진전복 전복돌솥밥, 전복구이
◎ 제주시 구좌읍 해맞이해안로 1282 ☏064-782-9944 ⓒ 09:30~21:30(화 휴무, 주문 마감 20:30)

숙자네숟가락젓가락 통갈치구이, 갈치조림+통갈치구이
◎ 제주시 구좌읍 세평항로 45-2 ☏0064-783-1418 ⓒ 매일 11:00~21:00

카페 한라산

Cafe & Bakery

◎ 제주시 구좌읍 면수1길 48 ☏ 064-783-1522 ◷ 매일 09:30~21:00
Ⓜ 제주당근케이크, 한라봉 차 ₩ 1인 4,500~8,000원
🚗 가게 앞 갓길 주차 또는 세화해수욕장 주차장 이용 ⓘ @cafe_hallasan

옛 TV에 담긴 나와 세화 바다

"텔레비전에 내가 나왔으면 정말 좋겠네~ 정말 좋겠네~" 카페 한라산에 가면 어릴 적 불렀던 동요를 흥얼거리게 된다. 창가에 놓인 옛날 텔레비전 때문이다. 카페 외부에 서면 세화 바다를 배경으로 서 있는 모습이 TV 화면에 담긴다. TV 너머로 보이는 풍경까지 한 데 담아 사진을 찍으면 완벽한 인생 샷이 완성된다. 제주 여행을 오래도록 추억하게 해주는 이색 포토존이다. 카페 한라산은 옛 주택을 개조해 운영하고 있다. 주택동과 창고동 두 공간으로 분리되어 있다. 두 공간 모두 오래된 가구와 빈티지 소품, 그림으로 멋을 더했고, 두 공간 사이의 좁은 뜰에는 평온한 바다 풍경이 머문다. 한라봉 차, 한라봉에이드, 당근케이크의 인기가 좋다. 특히 구좌 당근으로 만든 당근케이크는 코끝을 자극하는 시나몬 향과 진한 크림이 매력적이다. 세화해수욕장 동쪽 끝에 있다.

ONE MORE **주변 명소와 맛집**

📷 **세화해수욕장** ◎ 제주시 구좌읍 해녀박물관길 27

📷 **해녀박물관** ◎ 제주시 구좌읍 해녀박물관길 26 ☏ 064-782-9898

명진전복 전복돌솥밥, 전복구이
◎ 제주시 구좌읍 해맞이해안로 1282 ☏ 064-782-9944 ◷ 09:30~21:30(화 휴무, 주문 마감 20:30)

숙자네숟가락젓가락 통갈치구이, 갈치조림+통갈치구이
◎ 제주시 구좌읍 세평항로 45-2 ☏ 0064-783-1418 ◷ 매일 11:00~21:00

카페록록

Cafe & Bakery

제주시 구좌읍 하도서문길 41 064-782-0714 10:30~18:00(주문 마감 17:30, 금요일 휴무, 임시 휴무 인스타 공지)
크림라테, 에그타르트, 당근케이크 ₩ 1인 10,000원 안팎
가게 앞 바닷가 주차장 @cafeloklok_jeju_official

바다 보며 즐기는 인생 타르트

구좌읍 하도리, 세화해수욕장과 제주해녀박물관에서 성산포 방면으로 자동차로 3분 거리에 있다. 자동차를 타고 해맞이해안도로를 달리다 보면 하도리 바다를 향해 서 있는 빨간 2층 벽돌집이 시선에 들어온다. 카페 록록이다. 빈티지한 소품과 초록초록한 식물이 꽤 근사하게 실내를 장식하고 있다. 꽤 괜찮은 스피커에서 흘러나오는 음악도 마음을 들뜨게 한다. 해안가 카페가 그렇듯 카페록록 시그니처 풍경은 단연 바다이다. 2층에서 더 잘 보이지만 1층에서도 바다를 감상할 수 있다. 날이 좋은 날이라면 바다를 가까이 볼 수 있는 야외 테이블이 더 좋다. 이 집의 대표메뉴는 에그타르트이다. 달걀의 풍미가 강하게 느껴져 좋다. 커피는 원두의 바디감을 잘 살렸다. 구좌 당근으로 만든 당근케이크와 치즈케이크도 많이 찾는다. 맛과 감성, 풍경을 다 갖춘 카페이다.

이 집은 특이하게 어른만 이용할 수 있다. 돌담과 유리 소품 등이 있어서 19세부터 입장할 수 있다. 반려동물은 동반할 수 있다. 임시 휴무와 영업시간 등 급하게 변경하게 되는 일정은 인스타그램에 공지한다. 세화 읍내에 테이크아웃 매장을 따로 운영한다.

ONE MORE **주변 명소와 맛집**

세화해수욕장 제주시 구좌읍 해녀박물관길 27

해녀박물관 제주시 구좌읍 해녀박물관길 26 064-782-9898

얼랑핀칙 하도야 퓨전 일식 코스 요리

제주시 구좌읍 해맞이해안로 1588-42 0507-1425-1591 11:30~14:50(브레이크타임, 일·월 휴무, 네이버 예약 필수)

숙자네숟가락젓가락 통갈치구이, 갈치조림+통갈치구이

제주시 구좌읍 세평항로 45-2 064-783-1418 매일 11:00~21:00

카페 글렌코

Cafe & Bakery

제주시 구좌읍 비자림로 1202 0507-1326-3555 매일 09:00~19:30
제주보리미숫가루 블렌디드, 그린한라봉차, 스콘초코칩쿠키 ₩ 1인 5,500원~7,000원
전용 주차장 @cafe_glencoe

제주에서 만나는 스코틀랜드의 초원

제주 동부의 중산간, 카페 글렌코는 목장과 오름이 몰려있는 구좌읍 송당리에 있다. 글렌코는 스코틀랜드 글렌코 지역의 초원을 모티브로 만든 정원형 카페다. 글렌코는 스코틀랜드 하이랜드 북서부 지역의 지명이다. 강과 마을, 구릉과 산봉우리가 펼쳐진 곳으로, 오름의 고향 송당리를 몇 배 키워 놓은 것 같다. 글렌코 트레일이 있을 만큼 이 지역은 걷기 여행의 명소이다. 카페 글렌코는 스코틀랜드 글렌코를 제주의 자연에 맞추어 한국화한 곳이다. 넓은 초원과 산바람에 어깨를 흔드는 억새, 매혹적인 핑크뮬리가 여행객을 반겨준다. 특히 억새와 핑크뮬리가 만개할 때면 추억을 남기려는 사람들로 북적인다. 글렌코는 제주도의 핑크뮬리 명소 중 면적이 가장 넓다. 핑크뮬리가 피어나는 가을마다, 오름에 둘러싸인 카페는 그야말로 색채의 향연이 펼쳐진다. 가을이 제일 매력적이지만, 계절마다 유채, 메밀, 수국, 핑크뮬리가 번갈아 피어나므로, 언제 가도 아름답다. 초록, 민트, 핑크. 알록달록 원색의 카페 건물도 무척이나 매혹적이다. 몽골식 전통가옥 게르를 닮은 건물, 제주의 돌창고를 현대적으로 재해석한 건물, 풍경뿐 아니라 자연 속에 깃든 건물도 더없이 이국적이다. 목장 마을 같은 카페 글렌코엔 이국적인 낭만이 흐른다. 음료 가격에 입장료가 포함되어 있다. 음료 주문을 마치면 손목띠를 채워준다.

ONE MORE **주변 명소와 맛집**

산굼부리 제주시 조천읍 비자림로 768(교래리 산 38)

녹산로 유채꽃길 서귀포시 표선면 녹산로 381-15

상춘재 성게비빔밥, 멍게비빔밥, 돌문어비빔밥, 꼬막비빔밥
제주시 조천읍 선진길 26 064-725-1557 10:00~15:30(월·화 휴무, 주문 마감 15:20)

성미가든 닭샤브샤브, 닭볶음탕
제주시 조천읍 교래1길 2 064-783-7092 매일 11:00~20:00(둘째·넷째 목요일 휴무)

블루보틀 제주

Cafe & Bakery

제주시 구좌읍 번영로 2133-30 1588-6906 09:00~19:00(구정, 추석 당일 휴무)
블렌드, 싱글 오리진, 우무 푸딩 ₩ 1인 5,000~7,500원 전용 주차장
대설 및 태풍 등의 자연재해 시 단축 영업 또는 임시 휴무. 인스타그램 공지 확인 @bluebottlecoffee_korea

커피계의 애플, 오름을 품다

블루보틀은 모던한 디자인, 커피에 대한 깐깐한 고집으로 커피계의 애플이라 불린다. 오픈하는 지점마다 열렬한 관심을 받았다. 제주점에 관한 관심은 어느 때보다 뜨거웠다. 서울 이외 지역에 생긴 첫 지점이자, 어느 지역에 어떤 모습을 선보일지 궁금했기 때문이다. 블루보틀의 선택은 오름이 군락을 이룬 구좌읍 송당리였다. 안돌오름 근처 삼나무와 초원이 매력적인 곳에 자리를 잡았다. 블루보틀의 상징인 모던함과 제주다움을 고루 갖췄다. 큰 유리창 너머로 보이는 제주 풍경이 멋과 여유를 더한다. 블루보틀은 스페셜티 커피를 지향한다. 섬세하게 맛을 살린 드립 커피는 산뜻하고 라이트하다. 스타벅스, 폴바셋처럼 진한 맛을 선호하는 브랜드와 확연히 다른 맛을 낸다. 스페셜 커피를 지향하지만 늘 대비되는 스타벅스보다 가격이 특별히 비싸진 않다. 바디 감, 산미의 정도, 향 등을 추천받아 취향에 맞는 커피를 경험해 보자. 제주의 감성과 스토리가 담긴 디저트 브랜드로 자리 잡은 우무와 콜라보한 우무 푸딩, 제주녹차땅콩호떡은 제주점에서만 맛볼 수 있다.

ONE MORE **주변 명소와 맛집**

아부오름 제주시 구좌읍 송당리 산164-1

안돌오름 비밀의숲 제주시 구좌읍 송당리 산66-2

한울타리한우 정육식당 등심, 불고기, 육회, 비빔밥
제주시 구좌읍 송당서길 5 064-782-3913
11:00~21:00(입장 마감 20:00, 월~목 휴무)

술의식물원

Cafe & Bakery

제주시 구좌읍 중산간동로 2253 070-8900-2254 12:00~21:00 (수·목 휴무)
와인, 맥주, 커피 ₩ 1인 5,000원~20,000원 전용 주차장 영업 확인 후 방문할 것, 노키즈존 @sulsik_story

여행 중 즐기는 낮술 한잔

여행 중 낮술 한 잔이 생각난다면 구좌읍 송당리의 술의식물원으로 가보자. 40년 된 제주 구옥을 개조해 카페 겸 술집을 차렸는데, 빈티지한 공간과 카페에 가득한 실내 식물과 어울려 차분하고 정겨운 분위기를 자아낸다. 잔잔한 음악까지 흐르면 섬까지 따라온 근심, 걱정을 잠시 털어놓게 된다. 술의식물원은 제법 다양한 술을 갖추고 있다. 맥주와 와인은 기본이고, 사케와 일본식 소주도 있다. 간단한 안주와 소담한 음식도 판매한다. 올리브견과절임, 제철 과일과 치즈, 단짠 3중주라 이름 지은 바케트를 많이 찾는다. 무슨 안주를 주문해야 할지 망설여지면 주인에게 추천을 받아도 좋다. 커피도 꽤 훌륭하다. 커피와 함께 나오는 가벼운 스낵에 크림치즈를 올려 먹으면 커피 맛이 한층 더 올라온다. 술의 식물원에 앉아 있다 보면 이 맛에 제주에 오는구나 싶다. 제주 감성을 한껏 누리며 그 순간을 오랫동안 기억하고 싶다면 술의식물원을 기억하자.

ONE MORE **주변 명소와 맛집**

스누피가든 제주시 구좌읍 금백조로 930

다랑쉬오름 제주시 구좌읍 세화리 산6

한울타리한우 정육식당 등심, 불고기, 육회, 비빔밥
제주시 구좌읍 송당서길 5 064-782-3913
11:00~21:00(브레이크타임 15:00~17:00, 입장 마감 20:00, 목요일 휴무)

치저스 소고기미트볼, 라클렛스테이크, 한치리조또 아란치니
제주시 구좌읍 비자림로 1785 070-7798-1447 11:00~16:00(화·수·목 휴무, 네이버 예약 필수)

풍림다방 송당점

Cafe & Bakery

◎ 제주시 구좌읍 중산간동로 2267-4 ☎ 1811-5775 ⏱ 매일 10:30~18:00
Ⓜ 더치커피, 풍림브뤠베, 소콜라쇼, 아메리카노 ₩ 1인 10,000원 안팎 🚗 전용 주차장

구좌읍 송당리의 레트로 카페

지금은 없어진 음식 프로그램 <수요미식회>에 나오면서 널리 알려졌다. 오래된 가옥을 리모델링했는데, 레트로 감성이 진하게 느껴진다. 블루보틀 제주 카페가 문을 열기 전까지, 구좌읍 송당리에서 가장 유명한 카페였다. 동부 오름과 중산간 여행자들이 많이 찾는다. 가장 인기가 좋은 메뉴는 더치커피다. 특히, 더치라테를 찾는 손님이 많다. 고소하고 부드러운 거품과 시큼한 더치커피 맛을 아울러 느낄 수 있다. 비엔나커피도 인기 메뉴 가운데 하나이다. 쓴맛, 단맛, 그리고 바닐라 향과 커피 향의 조화가 퍽 인상적이다. 에스키즈존으로 나이 제한 없이 누구나 이용할 수 있다. 반려동물은 실내와 야외에 동반할 수 있으나, 케이지에 넣어야만 가능하다. 카페 앞에 풍림다방 전용 주차장이 있다. 풍림다방 송담점 길 거너 편, 처음 풍림다방이 있던 자리에 풍림다방 클래식을 오픈했다. 토요일과 일요일, 오후 1시부터 6시까지만 문을 연다.

ONE MORE 주변 명소와 맛집

비자림 ◎ 제주시 구좌읍 비자숲길 55

높은오름 ◎ 제주시 구좌읍 송당리 산213-1

한울타리한우 정육식당 등심, 불고기, 육회, 비빔밥
◎ 제주시 구좌읍 송당서길 5 ☎ 064-782-3913
⏱ 11:00~21:00(브레이크타임 15:00~17:00, 입장 마감 20:00, 목요일 휴무)

치저스 소고기미트볼, 라클렛스테이크, 한치리조또 아란치니
◎ 제주시 구좌읍 비자림로 1785 ☎ 070-7798-1447 ⏱ 11:00~16:00(화·수·목 휴무, 네이버 예약 필수)

블랑로쉐

Cafe & Bakery

제주시 우도면 우도해안길 783 064-782-9154 11:00~17:00(배 안 뜨는 날 휴무)
우도땅콩라테, 땅콩아이스크림, 아메리카노 ₩ 1인 10,000원 안팎 @blancrocher_udo

바다, 바다, 바다

하고수동해수욕장 북쪽 끝, 바위 언덕에 있는 오션 뷰 카페이다. 우도의 많은 카페 중에서 가장 인기가 많은 곳이다. 인기 비결은 단연 바다 전망이다. 우도와 제주도 본섬에 오션 뷰 카페가 많지만, 블랑로쉐만큼 전망이 좋은 곳은 드물다. 바다와 인접한 낮은 언덕에 있어서 하고수동해수욕장의 은빛 모래와 에메랄드빛 바다를 바로 앞에서 감상할 수 있다. 백사장이 먼저 보이지 않는다. 창밖이 바로 바다다. 바람이 잔잔하고 햇살이 좋은 날엔 테라스의 야외 카페로 나가자. 하얀 차양을 친 테라스에 앉으면 남빛 바다가 와락 달려든다. 바람, 푸른 바다, 백사장, 파도 소리, 바다를 닮은 남빛 하늘. 잔잔한 바다에서 카약을 타는 사람들…. 눈에 들어오는 모든 풍경이 평온하게 아름답다. 종일 앉아 있어도 지루하지 않을 것 같다. 블랑로쉐의 우도땅콩라테는 여전히 인기가 많다. 카페 한쪽에 기념품을 판매하고 있다. 원두 드립백, 우도 땅콩, 땅콩 잼, 우도 등대 캔들 등을 살 수 있다. 커피와 음료, 기념품이 조금 비싸다. 우도땅콩아이스크림도 먹어보자. 고소하고 달콤한데 땅콩의 고향에서 먹는 기분이 남다르다. 가파도에 지점이 있다.

ONE MORE 주변 명소와 맛집

비양도 제주시 우도면 연평리 8

검멀레해변 제주시 우도면 우도해안길 1122

섬소나이 크림짬뽕, 빨간짬뽕, 트러플피자
제주시 우도면 우도해안길 814 064-784-2918 10:00~17:00(배 안 뜨는 날 휴무)

우도해녀식당 보말칼국수, 성게미역국, 보말죽, 해산물모둠
제주시 우도면 우도해안길 440 010-9090-3509 08:30~17:30(배 안 뜨는 날 휴무)

카페 살레

Cafe & Bakery

제주시 우도면 우도해안길 816 0507-1317-8409 매일 09:30~18:00
땅콩라테, 당근케이크, 우도땅콩아이스크림 ₩ 1인 10,000원 안팎

우도의 오션 뷰 디저트 카페

우도의 하고수동해수욕장 바로 앞에 있다. 검은 벽돌 건물이 인상적이다. 카페 살레는 블랑로쉐와 더불어 우도에서 손에 꼽히는 오션 뷰 카페이다. 민트, 에메랄드, 네이비블루…. 깊이에 따라 다채롭게 변하는 바다 빛깔을 온전히 감상할 수 있다. 카페는 1층과 2층으로 이루어져 있다. 더 멋진 바다 전망을 즐기고 싶다면 2층으로 올라가자. 통유리창 너머로 비양도와 푸른 바다가 시원하게 펼쳐진다. 해안도로의 야자수까지 한눈에 넣으면 남국의 어느 섬에 온 듯 마음이 설렌다.

이 집의 시그니처 메뉴는 땅콩아이스크림이다. 우도땅콩과 최상급 우유크림을 사용해서 만든다. 땅콩라테와 같이 먹으면 달콤함과 쌉싸름함, 차가움과 뜨거움을 동시에 즐길 수 있다. 구좌 당근으로 만든 당근케이크도 인기 메뉴이다. 크림빵, 에그타르트, 화이트말차쿠키 등 다른 디저트도 하나같이 달콤해서 입이 즐겁다. 우도 순환버스를 타고 하고수동해수욕장에 내리면 바로 옆이다.

ONE MORE **주변 명소와 맛집**

하고수동해수욕장 제주시 우도면 연평리 1290-5

우도봉 제주시 우도면 연평리 산18-2

섬소나이 크림짬뽕, 빨간짬뽕, 트러플피자
제주시 우도면 우도해안길 814 064-784-2918 10:00~17:00(배 안 뜨는 날 휴무)

소섬전복 전복돌솥밥, 전복과 뚝배기, 미역국, 물회
제주시 우도면 연평리 329 064-782-0062 09:00~19:00(배 안 뜨는 날 휴무)

오르다

서귀포시 성산읍 한도로 269-37 064-783-8368 매일 09:00~21:00
코코넛쉐이크, 코코넛라테, 프렌치얼그레이 ₩ 1인 7,000~15,000원
전용 주차장 반려동물 동반가능 @orda_jeju

© 송인희

© 송인희

바다, 성산일출봉, 천국의 계단

성산일출봉 북쪽 해안가에 있는 베이커리 카페이다. 일출봉 공영주차장에서 약 700m 떨어져 있다. 제주 동부에서 손에 꼽히는 전망을 자랑한다. 오른쪽으로 시선을 돌리면 성산일출봉이 손에 잡힐 듯 가까이 있고, 왼쪽으로 돌리면 저 멀리 우도가 시야에 잡힌다. 정면은 망망대해, 푸른 바다가 푸르게 펼쳐진다. 이뿐이 아니다. 해안가 절벽에 있어서 관광지 바로 옆이지만 더없이 조용하고 여유롭다.

카페 건물은 2층이다. 창이 많고 층고가 높아 개방감이 뛰어나다. 자연광 덕에 내부가 밝고 화사하다. 실내도 좋지만, 마당은 더 매력적이다. 선베드와 파라솔이 이국적인 분위기를 연출해준다. 선베드에 누워 그림 같은 풍경을 보고 있으면 제주 바다가 오롯이 내 것이 된다. 마당 끝에는 '천국의 계단'이라 불리는 포토존이 있다. 높이 2m 정도의 계단 끝에 문을 상징하는 사각형 프레임이 있다. 계단 끝에 서서 하늘을 배경으로 촬영하면 하늘을 향해 걸어가듯 신비로운 사진이 연출된다. 스무디, 쉐이크 등 코코넛 음료가 시그니처 메뉴이고 한라산빵, 프레첼 등 여러 가지 베이커리 메뉴가 있다.

ONE MORE **주변 명소와 맛집**

성산일출봉 서귀포시 성산읍 성산리 1

광치기해변 서귀포시 성산읍 고성리 224-33

등경돌식당 통갈치구이, 갈치조림, 성게미역국, 전복뚝배기
서귀포시 성산읍 일출로 279 064-782-0707 매일 08:00~21:00

맛나식당 갈치조림, 고등어조림
서귀포시 성산읍 동류암로 41 064-782-4771 08:30~14:00(매주 수·일 휴무)

카페 오른

Cafe & Bakery

서귀포시 성산읍 해맞이해안로 2714 0507-1401-1559 10:30~20:00(매달 2·4주 수요일 휴무)
오른라테, 곰돌이우유, 아이스크림크러핀 ₩1인 15,000원 전용 주차장 @orrrn_official

우도와 성산일출봉을 한눈에

종달리와 성산포 사이, 제주 올레 1코스가 지나는 해맞이해안도로 옆에 있다. 아름다운 해안 풍경을 담을 수 있어서 제주 동부에서 가장 '핫'한 카페 중 하나로 꼽힌다. 성산일출봉을 향해 해맞이해안도로를 달리다 보면 감각적인 노출 콘크리트 건물 하나가 눈에 들어온다. 카페가 자리 잡은 입지가 절경이다. 오른쪽에는 성산일출봉, 왼쪽으로는 우도가 시야에 잡힌다. 돌담, 유채꽃, 푸른 바다, 그리고 섬과 푸른 하늘. 카페 앞으로 차례대로 펼쳐지는 풍경을 보고 있으면 절로 가슴이 뛴다. 창밖 풍경을 섬세하게 감상할 수 있는 통창 옆자리는 여행객들로 언제나 붐빈다. 건물 구조도 매력적이다. 외부에서 내부를 거처 옥상에 이르는 구조는 제주의 상징인 '오름'의 형태와 의미를 담았다. 물이 흐르는 수로와 하늘이 그대로 비치는 작은 연못은 마음을 차분하게 해준다.

메뉴는 단출한 듯 다양하다. 커피는 우도땅콩크림이 올라간 오른라테가 시그니처 메뉴이다. 커피 향이 진한 플랫화이트도 인기 메뉴이다. 레몬머틀차와 한라봉 주스, 자두에이드 같은 음료와 직접 베이킹한 케이크, 크로와상과 머핀이 합쳐진 크로핀 등 다양한 디저트도 함께 판매한다. 분위기만큼 음료와 디저트도 맛이 훌륭하다. 바다 내음과 바람까지 온전히 음미하며 '바다 멍'하며 평온하게 취해보자.

ONE MORE 주변 명소와 맛집

제주올레 1코스 서귀포시 성산읍 시흥상동로 113(시흥초등학교)

종달리 수국길 제주시 구좌읍 종달리 112-4(고망난돌쉼터)

소금바치순이네 돌문어볶음, 돔베고기, 고등어구이

제주시 구좌읍 해맞이해안로 2196 064-784-1230

09:30~19:00(첫째·셋째 목요일 휴무, 브레이크타임 15:00~16:30)

산도롱맨도롱 종달리점 홍갈비국수, 백갈비국수, 멜로돔베

제주시 구좌읍 해맞이해안로 2284 064-782-5105 09:00~17:30(주문 마감 17:00, 화요일 휴무)

어니스트밀크 본점

Cafe & Bakery

서귀포시 성산읍 중산간동로 3147-7 070-7722-1886 매일 10:00~18:00
무가당요거트, 순수밀크아이스크림, 목장 우유 ₩ 1인 10,000원
건물 앞 주차장 송아지 우유 주기 체험(오전 11시, 오후 2시와 4시, 매시간 선착순 3팀) @honest_milk

언니들이 운영하는 목장카페

성산일출봉 근처, 성산읍 수산리에 있는 목장카페이다. 한아름 목장에서 직접 운영한다. 카페에서 2km 떨어진 목장에서 직접 생산한 신선한 원유로 만든 우유, 아이스크림, 요거트를 즐길 수 있다. 우유갑 모양을 형상화한 건물의 외관이 인상적이다. 예스키즈존 카페로, 부모들 사이에선 아이들과 함께 방문하기 좋은 곳으로 소문이 났다. 매장 내부는 우유처럼 깔끔하고 세련되었다. 날씨가 좋은 날이면 유리창 너머로 광치기해변과 성산일출봉까지 눈에 넣을 수 있다. 어니스트밀크의 대표메뉴는 한아름 목장 유기농 우유의 맛을 최대한 살린 순수밀크아이스크림이다. 목장을 운영하는 세 자매가 매일 아침 짜낸 신선한 우유로 만든다. 아이스크림은 진하면서도 담백하고 깔끔하다. 무가당 수제 요거트와 천혜향 요거트, 그리고 유기농 생크림을 이용한 다양한 메뉴도 만나 볼 수 있다. 우유와 요거트 등은 예쁜 유리병에 담아 판매하는데 테이크아웃이나 선물로 좋다. 제주의 추억을 담아갈 수 있는 기념품으로 손색이 없다. 카페 손님들을 위한 송아지 우유 주기 체험도 진행한다. 시간은 오전 11시, 오후 2시, 오후 4시로 선착순 3팀만 현장 방문 예약을 받고 있다. 여행의 경로가 성산포 방향이라면 어니스트밀크로 목장 나들이를 떠나보자.

ONE MORE **주변 명소와 맛집**

빛의벙커 서귀포시 성산읍 서성일로1168번길 89-17 1522-2653

두산봉 서귀포시 성산읍 시흥리 산1-5

복자씨연탄구이 흑돼지근고기
서귀포시 성산읍 해맞이해안로 2764 064-782-7330 매일 12:00~22:00

맛나식당 갈치조림, 고등어조림
서귀포시 성산읍 동류암로 41 064-782-4771 08:30~14:00(매주 수·일 휴무)

호랑호랑 성산카페

Cafe & Bakery

서귀포시 성산읍 일출로 86 C동 0507-1353-9799 매일 08:00~23:00
광치기커피, 단호박라테, 수제홍차라테, 제주비트주스 ₩ 1인 5,000~8,000원 전용 주차장 @horanghorangcafe

일출봉, 광치기해변, 그리고 바다

광치기해변에 있는 오션 뷰 카페이다. 성산일출봉과 바다 전망, 돛단배 모양 포토존으로 유명한 루프톱 카페이다. 내부는 화이트 톤이라 깔끔하다. 큰 창을 더해 밝고 따뜻하다. 데크가 깔린 넓은 테라스와 루프톱에 야외 자리가 있다. 눈 앞에 펼쳐지는 푸른 바다와 웅장한 성산일출봉에 감탄이 절로 난다. 카페의 전용 해변 끝에는 하얀 돛단배가 놓여있다. 제주 동부의 유명 포토존이자 호랑호랑의 상징적인 풍경이다. 낮에는 항해를 시작하는 활기찬 배처럼, 짙은 어둠이 깔린 밤에는 망망대해에 떠 있는 배처럼 신비로운 모습이 연출된다. 호랑호랑은 야경 명소로도 유명하다. 밤바다와 어우러진 성산일출봉의 모습이 낮과는 사뭇 다른 매력을 선사한다. 시그니처 메뉴는 광치기커피이다. 라테와 아메리카노 두 종류이고, 라테에는 소금이 들어 있다. 중독성 있는 단짠의 매력이 돋보인다. 달큼한 홍차라테와 단호박라테도 인기가 좋다.

ONE MORE **주변 명소와 맛집**

성산일출봉 서귀포시 성산읍 성산리 1

제주올레 2코스 서귀포시 성산읍 고성리 2520

맛나식당 갈치조림, 고등어조림
서귀포시 성산읍 동류암로 41 064-782-4771 08:30~14:00(매주 수·일 휴무)

가시아방국수 고기국수, 돔베고기, 비빔국수, 멸치국수
서귀포시 성산읍 섭지코지로 10 064-783-0987 10:00~20:30(수요일 휴무)

제주커피박물관 바움

Cafe & Bakery

서귀포시 성산읍 서성일로1168번길 89-17 064-784-2255 매일 09:15~18:15
바움라테, 아인슈페너 ₩ 1인 5,000~8,500원 전용 주차장 @jejucpffeemuseum_baum

숲에서 즐기는 커피의 모든 것

몰입형 미디어아트로 유명한 빛의 벙커 바로 옆에 있다. 바움은 독일어로 나무라는 뜻이다. 이름처럼 소나무와 삼나무가 어우러진 숲에서 커피를 즐길 수 있다. 커피박물관은 3개 층으로 구성되어 있다. 1층은 각 나라의 원두와 글라인드, 모카포트 같은 커피 도구를 전시하고 있다. 2층은 카페다. 숲의 싱그러운 내음이 큰 창을 통해 내부까지 전해진다. 3층에는 루프톱이 있다. 이곳에선 한층 더 자연을 가까이 느낄 수 있다. 날씨가 좋은 날에는 제주 바다와 한라산이 보인다. 빛의 벙커가 위치한 곳에는 솔밭공원이 있다. 1천 평이 넘는 언덕에 제주 소나무 수백 그루가 군락을 이루고 있다. 멀리 보이는 오름 군락의 능선이 더해져 고즈넉한 풍경이 완성된다. 공원 남쪽에는 삼나무와 편백숲이 매력적인 바람의 숲이 있다. 바람의 숲은 대수산봉큰물뫼오름 둘레길과 연결된다. 삼나무 숲길을 지나 정상에 오르면 성산일출봉와 섭지코지, 우도를 한 번에 볼 수 있다. 정상까지 10분 정도 소요된다.

ONE MORE **주변 명소와 맛집**

빛의벙커 서귀포시 성산읍 서성일로1168번길 89-17 1522-2653

섭지코지 서귀포시 성산읍 성산리 1

해왓 갈치조림, 성게미역국, 전복해물뚝배기, 물회
서귀포시 성산읍 신고로 30-1 064-782-5689 09:00~21:00(수요일 휴무, 주문 마감 20:00)

가시아방국수 고기국수, 돔베고기, 비빔국수, 멸치국수
서귀포시 성산읍 섭지코지로 10 064-783-0987 10:00~20:30(수요일 휴무)

카페 아오오

서귀포시 성산읍 환해장성로 75 064-782-0007 매일 09:00~19:30(주문 마감 19:00)
올디너츠, 올디시나몬, 올디제주, 한라봉스콘, 천혜향파운드 ₩ 1인 10,000원
전용 주차장 @cafe.ooo

건축과 바다, 그리고 쉼

제주올레 3-B코스가 지나는 환해장성로를 달리다 보면, 마치 큐브를 반 바퀴쯤 틀어놓은 듯한 모습의 회색빛 건물을 만나게 된다. 이 평범하지 않은 외관의 건물이 카페 아오오이다. 'Out Of Ordinary'의 앞글자를 따 카페 이름을 지었는데, 일상을 벗어나 자연경관을 만끽하는 공간이라는 의미를 담았다. 카페 아오오는 이름처럼 독특한 건축물로, 2020년 제주건축문화대상에서 특선을 받았다.

카페는 내부의 인공적인 공간과 외부의 자연이 하나가 되는 특별한 건축물이다. 건물 곳곳에서 자연을 감상하는 즐거움이 있는 카페이다. 미로처럼 이루어진 1층 야외 이곳저곳엔 의자를 놓았다. 바다에서 불어오는 바람을 맞으며 식물과 나무를 감상할 수 있다. 예쁜 사진을 찍을 수 있는 포토존도 있다. 1층에서 주문을 하고 2층으로 올라가면, 3면이 통창이다. 넓을 창을 통해 하늘과 맞닿은 곳까지 펼쳐진 푸른 바다가 한꺼번에 다가온다. 시그니처 메뉴인 올디 음료를 비롯하여 여러 가지 디저트를 즐길 수 있다. 자연, 바다, 야자수, 갖은 식물들, 여기에 그리고 맛있는 음료와 디저트까지, 카페 오오오는 오감을 만족시켜주는 특별한 공간이다. '우리들의 블루스'의 몇몇 장면을 이곳에서 촬영했다.

ONE MORE 주변 명소와 맛집

혼인지 서귀포시 성산읍 혼인지로 39-2 064-710-6798

제주올레 3코스 서귀포시 성산읍 환해장성로 553(온평포구)

신산나들목식당 두루치기, 돈차돌정식, 흑돼지특수부위

서귀포시 성산읍 일주동로 5100 064-784-4200 11:00~22:00(일요일 휴무)

성산봄죽칼국수 본점 보말죽, 보말칼국수, 밀면

서귀포시 성산읍 일주동로 5109 0507-1377-3340 07:30~17:00(주문 마감 16:30, 일요일 휴무)

아줄레주

Cafe & Bakery

◎ 서귀포시 성산읍 신풍리 627 ☏ 0507-1411-4052 ⏱ 11:00~19:00(매주 화·수 휴무)
Ⓜ 커피, 키위레몬청티, 에그타르트 ₩ 1인 10,000원 안팎 ⓘ 노키즈존(5세 이상, 12개월 미만 가능) 카페

제주도의 작은 리스본

제주에서 포르투갈을 느낄 수 있는 이국적인 카페이다. 서귀포 동부의 한적한 중산간에 있다. 제주 돌창고에서 영감을 얻은 듯한 카페 건물이 심플하고 매력적이다. 멀리서 보면 유럽의 시골 마을에 있는 작은 성당 같다. 카페 가까이 가면 왜 이름을 아줄레주라 지었는지 알 수 있다. 카페 정면 벽을 타일로 장식했다. 아줄레주는 '작고 윤기가 나는 돌'이라는 뜻이다. 하지만 이곳의 타일 방식은 포르투갈의 아줄레주에 비해 절제미를 보여준다. 실내는 미니멀리즘과 빈티지 느낌이 동시에 풍긴다. 빈티지풍 스피커와 화단에서 자라는 식물이 마음을 편안하게 해준다. 아줄레주엔 창이 많다. 2인용 테이블마다 창을 냈다. 제주 감성이 물씬 풍기는 중산간 풍경을 감상하기 좋다. 이 집의 시그니처 메뉴는 에그타르트다. 카페 이름, 타일, 에그타르트. 포르투갈 느낌이 진하게 흐른다. 아줄레주는 조용한 카페를 지향한다. 반려동물은 케이지나 반려동물 가방에 넣어야 입장할 수 있다.

ONE MORE **주변 명소와 맛집**

📷 **제주올레 3코스** ◎ 서귀포시 성산읍 환해장성로 553(온평포구)

📷 **김영갑갤러리 두모악** ◎ 서귀포시 성산읍 삼달로 137 ☏ 064-784-9907

🍴 **불특정식당** 코스 요리, 성인만 이용 가능, 100% 예약제
◎ 서귀포시 성산읍 삼달로 239 ☏ 010-4269-0886 ⏱ 런치 12:00~14:00, 디너 19:00~22:00

코코티에

Cafe & Bakery

◎ 서귀포시 표선면 표선당포로 21-3 1층 ☏0507-1387-3160 ⏲10:00~21:00(주문 마감 20:30)
Ⓜ 솔티카라멜라테, 수제과일청, 케이크 ₩ 1인 6,000~9,000원
🚗 건물 앞 주차장 ⓘ kids zone, 카페에서 바로 해수욕장 출입 가능 ⓘ @jeju_cocotier

표선해변을 내 품안에

제주도의 해수욕장 중에 가장 모래가 곱고 부드러운 곳은 어디일까? 아이들이 맨발로 뛰어놀아도 작은 상처 하나 나지 않을 만큼 부드러운 모래, 곱고 부드러운 모래를 무한대로 퍼다 나른 듯한 곳, 표선해수욕장이다. 넓은 백사장에 얕고 잔잔한 바닷물이 일품이다. 이처럼 멋진 해변을 앞뜰로 사용하는 카페가 있다. 높은 야자수가 이국적인 풍경을 완성해주고, 야외 테라스에선 해수욕장을 직관할 수 있다. 인테리어는 깔끔하고, 통유리창 너머로 바다가 펼쳐진다. 심지어 문만 나서면 바로 백사장이다. 코코티에의 시그니처 메뉴는 솔티카라멜라테이다. 베이커리도 맛있다. 커피를 즐기다 문득 시선을 밖으로 돌리면 카페가 아니라 해변 리조트에 온 기분이 든다. 아이들 메뉴도 있어 가족 여행객에게도 인기가 많다.

ONE MORE **주변 명소와 맛집**

📷 **표선해수욕장** ◎ 서귀포시 표선면 민속해안로 620

📷 **제주민속촌** ◎ 서귀포시 표선면 민속해안로 631-34 ☏064-787-4501

🍴 **한라산아래첫마을 제주민속촌점** 제주메밀물냉면, 제주메밀비빔냉면, 제주메밀비비작작면
◎ 서귀포시 표선면 민속해안로 631-46 ☏064-787-8899 ⏲10:00~19:00(브레이크타임 15:00~16:00, 화요일 휴무)

목장카페 드르쿰다

Cafe & Bakery

◎ 서귀포시 표선면 번영로 2454 ☏ 064-787-5220 ◷ 매일 09:00~17:30(휴식시간 11:50~13:10)
Ⓜ 커피, 음료, 피자, 베이커리 ₩ 커피·베이커리 6,000~9,000원, 승마 체험 10,000, 카트체험 2인승 35,000원
🚗 전용 주차장

커피와 베이커리, 목장체험을 한 번에

서귀포시 표선면 성읍리 중산간 마을에 있는 목장을 주제로 한 체험 카페이다. 단순히 보는 여행에서 벗어나 체험을 통해 제주도를 더 깊이 느끼고 감각하려는 사람이 늘어나면서 동부의 핫 플레이스로 떠올랐다. 커피와 피자, 베이커리를 즐기고, 사격·승마 체험·카트 체험을 한 곳에서 할 수 있다. 그뿐이 아니다. 목장카페 드르쿰다에선 인생 사진도 얻을 수 있다. 천국의 계단과 목장을 수 놓은 아름다운 조형물을 배경 삼아 인생 사진도 남겨보자. 청명한 공기와 푸른 하늘은 덤이다. 어린이를 동반한 가족 여행자, 커플 여행자에게 특히 인기가 많다. 보름왓과 성읍민속마을에서 가까워 같이 둘러보기 좋다. 사격은 50발에 1만 원, 승마 체험은 1만 원부터 코스에 따라 6만5천 원까지 가격대가 다양하다. 카트체험 가격은 12분 기준으로 1인승은 2만5천 원, 2인승은 3만5천 원이다.

ONE MORE **주변 명소와 맛집**

📷 **보롬왓** ◎ 서귀포시 표선면 번영로 2350-104 ☏ 064-742-8181

📷 **성읍민속마을** ◎ 서귀포시 표선면 성읍리 3294 ☏ 064-710-6797

🍴 **성읍칠십리식당** 흑돼지오겹살, 꿩감자국수
◎ 서귀포시 표선면 성읍정의현로 74 ☏ 064-787-0911 ◷ 매일 11:00~20:00

🍴 **가시식당** 두루치기, 몸국, 수육
◎ 서귀포시 표선면 가시로565번길 24 ☏ 064-787-1035
◷ 08:30~20:00(브레이크타임 15:00~17:00, 둘째·넷째 일요일 휴무)

카페 EPL

Cafe & Bakery

서귀포시 남원읍 위미항구로 8 0507-1317-6191 매일 09:00~19:00(2022년 12월 31일까지 휴무)
커피, 마카롱, 케이크 ₩ 1인 10,000원 안팎 갓길 이용 ⓘ 반려동물 동반가능

정원이 아름다운 바다 전망 카페

바다가 보이는 남원읍의 작은 포구 위미항 근처에 있는 카페이다. 먹고EAT, 즐기고PLAY, 사랑하라LOVE의 영문 첫 글자를 따 카페 이름을 지었다. 카페 이피엘은 인기를 끌 만한 조건을 두루 갖추고 있다. 루프톱에 오르면 바다가 보이고, 꽃과 식물이 가득한 정원은 매혹적이다. 이피엘은 그냥 카페라기보다는 '보타닉가든 카페'라 해도 어색하지 않다. 허브향 흩날리는 입구로 들어와 폭낭마을을 지키는 큰 나무가 서 있는 곳에서 카페 EPL을 잠시 바라보라. 카페가 아니라 작은 정원에 온 느낌이 들 것이다. 바리스타가 내려주는 커피는 맛있고, 제과제빵기능장이 만든 베이커리는 달큼한 듯 담백하다. 다양한 빵과 케이크, 마카롱을 즐길 수 있다. 여기에 레스토랑 이피엘에서는 흑돼지 등 제주의 신선한 재료로 만든 태왁도시락을 주문할 수 있다. 도시락은 유부초밥, 빙떡, 샌드위치, 스튜 등으로 구성된다. 태왁은 해녀가 물질할 때 가슴에 받쳐 몸을 뜨게 하는 뒤웅박이다. 카페와 레스토랑은 2022년 12월 말까지 휴무이다.

ONE MORE **주변 명소와 맛집**

동백포레스트 서귀포시 남원읍 생기악로 53-38 0507-1331-2102

제주올레5코스 서귀포시 남원읍 태위로 126

섬소나이 위미점 맑은짬뽕, 빨간짬뽕, 크림짬뽕, 피자
서귀포시 남원읍 위미해안로 18 064-900-9878 10:00~18:00(목요일 휴무)

공천포식당 전복죽, 한치물회, 전복물회
서귀포시 남원읍 공천포로 89 064-767-2425 10:00~19:30(목요일 휴무)

모노클 제주

Cafe & Bakery

서귀포시 남원읍 태위로360번길 30-8 070-7576-0360 매일 10:00~18:30(휴무 시 인스타 공지)
커피, 스콘, 파운드케이크 ₩ 1인 10,000원부터
도로변 주차 @monocle_jeju

제주 감성이 포근하게 깃든

남원읍 위미리에 있는 작지만 매력적인 카페다. 해안가에서 조금 떨어진 조용한 마을에 있다. 돌담과 나무, 들꽃이 어우러진 진입로가 한가롭고 여유롭다. 특별히 꾸민 구석이 없는데 들어서는 길에서부터 제주 감성이 폴폴 흐른다. 카페도 아름답다. 붉은 벽돌 건물도 멋지고 넓은 잔디밭과 정원은 더 매력적이다. 카페는 새로 지은 것 같지만, 사실은 옛날부터 사용하던 돌 창고를 멋진 벽돌 건물로 리모델링했다. 넓은 정원에 비해 카페는 작은 편이지만 그래서 더 정겹다.

진입로에서 느껴졌던 특유 제주 감성이 실내에서도 잔잔히 흐른다. 커피도 다양하지만, 그에 못지않게 베이커리도 다채롭다. 스콘, 마들렌, 파운드케이크, 컵케이크, 카눌레 등을 즐길 수 있다. 모두 매장에서 직접 만든 것들이다. 모노클제주는 직원 유니폼도 퍽 인상적이다. 흰색 바탕에 블랙으로 포인트를 준 유니폼이 꽤 멋지다. 카페가 아니라 바에서 대접받는 느낌이 든다. 날이 좋으면 야외에서 빵과 커피, 제주의 자연을 즐겨도 좋겠다. 제주 감성을 흠뻑 느낄 수 있을 것이다.

ONE MORE 주변 명소와 맛집

남원큰엉 서귀포시 남원읍 태위로 522-17

제주동백수목원 서귀포시 남원읍 위미리 927

만월당 위미점 전복리조토, 해물파스타, 피자, 스테이크
서귀포시 남원읍 남원체육관로 191 0507-1390-233
매일 11:30~20:00(브레이크타임 15:00~17:00)

취향의섬 고사리멜젓파스타, 제주반미샌드위치, 에그인헬
서귀포시 남원읍 태위로398번길 7 010-4662-6910
11:00~20:00(브레이크타임 15:00~17:00)

PART 5
중문과 서귀포 중심권
Cafe & Bakery

중문과 사귀포 중심권 카페 지도

제주시
한라산 백록담
1131
1119
서귀다원
상효원
1115
서귀포치유의숲
1136
서귀포감귤박물관
고근산
1232
제주에인감귤밭
베케
서귀포시청
시가지
서귀포매일올레시장
쇠소깍
테라로사 서귀포점
60빈스
이중섭미술관/이중섭거리
외돌개
보래드베이커스
게우지코지
서귀포항
허니문하우스
황우지해안
블라썸
꽃이피다
천지연폭포
정방폭포
UDA
하라케케
벙커하우스

더 클리프

Cafe & Bakery

서귀포시 중문관광로 154-17 064-738-8866
월~목 10:00~01:00, 금-일~02:00, 음식 주문 11:30~22:00(오후 7시부터 노키즈존)
커피, 음료, 칵테일, 피자, 치킨, 파스타 ₩ 1인 10,000원부터 퍼시픽랜드 주차장 이용 @thecliff

남국의 낭만 속으로

중문색달해수욕장 옆에 있는 카페이자 비치 펍이자 라운지 바이다. 뭍을 향해 달려오는 파도, 바람 따라 흔들리는 야자수, 광염 소나타 같은 석양, 마음을 달뜨게 하는 음악, 달콤하고 쌉싸름한 칵테일…. 서귀포시 중문에 있지만, 더 클리프는 남국의 휴양지나 하와이의 해변 풍경을 떠올리게 한다. 바다가 보이는 언덕에서 상쾌한 음료나 한라봉 에이드나 모히토를 마시며 낭만을 즐기고 싶다면 더클리프로 가야 한다. 날씨가 좋다면 야외 테라스 자리로 가자. 계단식 좌석에 놓인 푹신한 소파와 파라솔 베드는 모두 바다를 향해 있다. 남국의 휴양지가 따로 없다. 카페엔 하우스와 테크노 음악이 흐르고, 평일엔 오후 4시부터 마감할 때까지, 주말엔 오후 1시부터 마감 시간까지 디제잉 공연이 펼쳐진다. 더클리프의 풍경은 낮에도 아름답지만, 해가 질 때는 더 아름답다. 석양은 하늘뿐 아니라 당신의 마음도 붉게 물들인다. 저녁 7시부터 더 클리프는 칵테일 바로 바뀐다. 이때부터는 노키즈존이다.

ONE MORE **주변 명소와 맛집**

중문색달해수욕장 서귀포시 중문관광로72번길 29-51

가람돌솥밥 전복성게돌솥밥, 영양돌솥밥, 성게미역국, 고등어조림
서귀포시 중문관광로 332 064-738-1200 매일 08:00~22:00

둘레길 파스타, 오믈렛
서귀포시 천제연로 209-1 0507-1379-3255
매일 10:00~22:00(평일 브레이크타임 15:00~16:30, 마지막 주문 21:30)

바다바라

Cafe & Bakery

◎ 서귀포시 중문관광로72번길 29-51 ☏ 064-738-8884 ◷ 08:30~21:00(주문 마감 20:30)
Ⓜ 커피, 음료, 베이커리 ₩ 1인 10,000원부터 🚗 전용 주차장 ⓘ @bada_bara

중문 언덕의 베이커리 카페

한 마디로 전망이 미쳤다. 제주에 오션 뷰 카페가 많지만, 바다바라만큼 탁 트인 전망을 보여주는 곳은 많지 않다. 중문관광단지 근처에서 눈이 즐거운 카페를 찾는다면 답은 단연코 바다바라이다. 제주도에서 드문 한옥 카페라는 점은 또 다른 매력이다. 제주올레길 8코스 바로 옆에 있어서 올레꾼들 사이에 소문이 나더니 이제는 전망 좋기로 소문이 나면서 일반 여행자들이 더 많이 찾는다. 원래 브런치 카페였으나 지금은 베이커리 카페로 바뀌었다. 바다바라는 중문색달해수욕장과 켄싱턴 리조트 중문점 사이에 있다. 카페 입구로 들어서면 비치 파라솔과 잔디가 싱그러운 넓은 정원이 먼저 반긴다. 정원 끝은 절벽이다. 절벽 아래로 중문색달해수욕장과 에메랄드빛 망망대해가 끝없이 펼쳐진다. 눈에만 담기엔 아까울 정도로 풍경이 압도적이다. 바케트, 케이크, 베이글 등 빵 종류가 다양하다. 커피와 음료도 즐길 수 있다. 파라솔과 바다를 배경으로 인생 사진 찍는 것도 잊지 말자. 잠시 올레길을 걸어도 좋겠다.

ONE MORE **주변 명소와 맛집**

📷 중문색달해수욕장 ◎ 서귀포시 중문관광로72번길 29-51

📷 엉덩물계곡 ◎ 서귀포시 색달동 2822-7(중문색달해수욕장 주차장 입구)

🍴 중문수두리보말칼국수 보말칼국수, 성게전복죽, 물만두
◎ 서귀포시 천제연로 192 ☏ 064-739-1070 ◷ 08:00~17:00(1·3·5주 화요일 휴무)

🍴 숙성도 중문점 숙성흑돼지, 숙성목살, 동치미열무국수
◎ 서귀포시 일주서로 966 ☏ 064-739-5213 ◷ 매일 12:00 ~22:00

바다다

Cafe & Bakery

서귀포시 대포로 148-15 064-738-2882 매일 10:30~19:00(주문 마감 18:30)
커피, 음료, 칵테일 ₩ 1인 10,000원
주차 가능 @badada.jeju

중문의 오션 뷰 카페

중문과 서귀포 지역에 바다 전망 카페 붐을 일으킨 주인공이다. 중문관광단지 동쪽 대포주상절리와 대포항 사이에 있다. 하염없이 푸른 바다를 바라보며 힐링을 하고 싶다면 '바다다'가 제격이다. 중문 또는 서귀포에서 좁은 대포로로 차를 몰다 보면 제법 넓은 카페 주차장이 나온다. 차를 세우고 카페 방향으로 걸어가면 이윽고 넓은 야외 공간과 푸른 바다가 영화의 한 장면처럼 펼쳐진다. 우리나라가 아니라 지중해의 어느 휴양지에 온 것 같아 마음이 한껏 설렌다. 실내에서 바라보는 전망도 좋지만, 날이 맑은 날이라면 야외에 자리를 잡자. 조금 더 여유를 즐기고 싶다면 선베드에 누워보자. 하늘, 햇살, 바람, 바다. 당신은 제주의 자연을 다 품을 수 있다. 커피는 달콤하고, 음료수는 마음까지 시원하게 해줄 것이다. 베이커리 카페는 아니지만, 쿠키, 케이크, 도넛 같은 간단한 디저트도 즐길 수 있다. 반려동물과 동반할 수 있다. 다만, 야외만 가능하다.

ONE MORE **주변 명소와 맛집**

대포주상절리 서귀포시 이어도로 36-24

대기정 통갈치구이, 통갈치조림, 전복돌솥밥, 성게돌솥밥
서귀포시 이어도로 41 064-739-1041 매일 10:30~20:30(브레이크타임 14:30~16:30)

함쉐프키친 왕갈비 짬뽕, 차돌박이 짬뽕, 크림파스타, 흑돼지돈가스
서귀포시 대포중앙로 116 064-739-1142
11:30~22:00(브레이크타임 15:00~17:30, 마지막 주문 21:00, 일요일 휴무)

아뜰리에안

Cafe & Bakery

서귀포시 막숙포로 166 064-739-8100 09:00~22:00(주문 마감 21:30)
커피, 블렌딩 티, 법환92 파인애플 ₩1인 7,000원 건물 앞 도로 @atelier_an

커피, 티, 디저트 그리고 바다. 밤에 더 이쁜 카페

서귀포월드컵경기장에서 남쪽으로 2~3분이면 호랑이가 웅크린 모습을 한 범섬이 눈에 들어온다. 아뜰리에안은 이 범섬을 바라보고 있다. 범섬은 고려 최영 장군이 제주도에서 몽골 세력을 물리친 역사적 장소로 잘 알려져 있다. 지금은 평온한 모습으로 카페를 찾은 손님들에게 서귀포의 멋진 풍경을 선사해준다. 아뜰리에안은 야외 벤치에 앉아 바다를 즐길 수 있는 오션 뷰 카페이다. 풍경만큼이나 블렌딩 티와 은은한 커피 향이 돋보이는 집이다. 커피 맛집, 티 맛집이라 해도 손색이 없다. 작은 건물 세 개로 나뉜 구조가 독특하고, 오밀조밀 아담한 내부 인테리어도 인상적이다. 특히 돌담과 동백나무를 환히 비추는 아뜰리에안 뒤뜰은 밤의 명소다. 나만의 이벤트를 즐길 수 있는 지하의 이벤트홀은 서귀포에서 흔하지 않은 유니크한 공간이다. 이벤트 홀은 예약제로 운영한다. 6인부터 20명까지 수용할 수 있다. 반려동물은 동반할 수 없다.

ONE MORE 주변 명소와 맛집

서귀포월드컵경기장 서귀포시 월드컵로 33

제주올레7코스 서귀포시 법환동 1534

제주김만복 서귀포점 만복이네김밥, 통전복주먹밥, 성게미역국
서귀포시 월드컵로 117 064-796-8582 09:00~20:00(재료 소진시 조기 마감, 연중무휴)

문치비 근고기, 항정살, 통갈매기살
서귀포시 신서로32번길 14 064-739-2560 16:00~24:00 (연중무휴)

벙커하우스

Cafe & Bakery

서귀포시 막숙포로41번길 66 0507-1358-0803 09:00~21:00
벙커크림라테, 딸기요거트, 디저트 ₩ 1인 10,000원 안팎 매장 앞 주차장 @bunker_house_jeju

바다 멍은 벙커하우스지!

바다를 물끄러미 바라보며 마음의 위로를 받을 수 있는 공간이 있을까? 다행이 서귀포엔 그런 곳이 꽤 있다. 벙커하우스도 그런 곳 가운데 하나이다. 반원형 구조로 건물 자체가 무척 독특한데, 바다를 제대로 보기에 적합한 용도로 지었다. 조용히 밖을 내다보기에 제격이다. 카페 앞은 오로지 바다만이 있을 뿐이다. 카페 뒷면에서는 이곳이 카페인지 아닌지 알 수 없다. 건물 앞에는 바다를 정면으로 응시할 수 있도록 벤치를 배치했다. 2층은 더 아늑하다. 2층은 노키즈존이다. 방해받지 않고 조용히 바다를 응시하기에 이만한 곳도 드물다. 그리고 하나 더! 운이 좋으면 서귀포 앞바다에서 노는 돌고래도 구경할 수 있다. 돌고래를 관찰할 수 있도록 카페에서 망원경을 빌려준다. 바다 멍 카페라고 해서 커피나 디저트에 소홀히 하지 않는다. 카페로 들어서자마자 케이크와 베이커리가 시선을 이끈다. 커피도 다양한데, 딸기라테와 벙커크림라테는 벙커하우스의 시그니처 메뉴다. 카페 앞으로 제주올레길 7코스가 지난다.

ONE MORE **주변 명소와 맛집**

법환포구 서귀포시 법환동 161-10

제주김만복 서귀포점 만복이네김밥, 통전복주먹밥, 성게미역국
서귀포시 월드컵로 117 064-796-8582 09:00~20:00(재료 소진시 조기 마감, 연중무휴)

문치비 근고기, 항정살, 통갈매기살
서귀포시 신서로32번길 14 064-739-2560 16:00~24:00 (연중무휴)

제주에인감귤밭

Coffee & Bakery

서귀포시 호근서호로 20-14 0507-1320-3593 10:00~18:00(일요일 휴무)
라봉퐁당에이드, 청귤퐁당에이드 ₩ 1인 10,000원 이내 주차 가능

포토존이 예쁜 귤밭 카페

서귀포시 신시가지와 구시가지 사이, 호근동에 있는 귤밭 카페이다. 원래 귤 보관 창고로 사용하던 건물을 개조해서 카페로 만들었다. 카페 안팎에서 빈티지 느낌이 물씬 난다. 귤밭과 카페로 변신한 귤 창고 덕에 제주도 감성이 자연스럽게 흐른다. 메뉴는 커피부터 음료수, 토스트까지 먹을 수 있다. 대표 메뉴는 라봉퐁당에이드, 청귤퐁당에이드이다. 제주 허니 토스트도 맛있다. 토스트에 여러 가지 과일을 넣어 맛이 상큼하고 달큼하다. 카페 밖엔 포토존이 제법 많다. 카페를 이용하는 손님은 포토존을 이용할 수 있고, 감귤밭에도 무료로 입장할 수 있다. 카페에서는 청귤청과 한라봉 감귤청 만들기 체험 프로그램도 운영한다. 체험은 카페 옆 유리온실에서 진행한다. 온실이 감귤밭으로 둘러싸여 있어서 무척 낭만적이다. 감귤청 세 병을 만드는데 소요 시간은 50분 남짓 예상하면 된다. 감귤청 만들기 체험은 미리 준비해야 하므로, 네이버에서 예약한 손님만 참여할 수 있다. 비용은 24,000원이다. 반려동물을 동반할 수 있다.

ONE MORE 주변 명소와 맛집

외돌개 서귀포시 서홍동 791
삼매봉 서귀포시 서홍동 820-2
엉또폭포 서귀포시 강정동 1587
에스데판야끼 철판요리 오마카세
서귀포시 호근서호로62번길 40 010-9952-7892
1부 11:00~12:30, 13:00~14:30. 2부 17:00~18:30, 19:00~20:30(브레이크타임 14:30~17:00, 일요일 휴무)

하라케케 HARAKEKE

Cafe & Bakery

서귀포시 속골로 29-10 16호 0507-1311-0878 08:00~21:00
아메리카노, 블루레몬에이드, 선셋모히토, 디저트 ₩ 1인 7,000원~20,000원 전용 주차장

남국의 휴양지에 온 듯

요즘 제주에선 휴양지 감성 카페가 뜨고 있다. 대표적인 곳이 서귀포시의 하라케케이다. 수영장과 비치 파라솔, 키 큰 야자수가 서 있는 풍경은 더없이 이국적이다. 누가 이곳을 서귀포에 있는 카페라고 생각할까? 열이면 열 모두, 하와이나 남국의 휴양지를 떠올리지 않을까? 하지만 하라케케는 틀림없이 카페이다. 서귀포시 구시가지와 신시가지 사이 호근동 해안 가까이에 있다. 하라케케는 제주도 최강의 휴양지 감성 카페이다. 따사로운 햇살, 얼굴을 스치는 미풍, 휴양지 감성 물씬 풍기는 벤치와 수영장. 블루레몬에이드와 모히토와 딱 어울릴 것 같은 풍경이다. 하라케케는 카페가 아니라 리조트 같고, 부티크 호텔 같다. 게다가 제주에서도 뷰가 가장 아름답다는 올레 7코스를 온전히 품고 있다.

하라케케는 뉴질랜드에서 자라는 화장품 원료로 사용하는 보습성이 강한 식물이다. 그러고 보니, 뉴질랜드 남섬 어딘가에 와 있는 듯하다. 메뉴는 다채롭다. 커피와 음료, 티를 골고루 갖추고 있다. 남국의 휴양지 감성 카페답게 칵테일 메뉴가 커피보다 많다. 게다가 맥주도 마실 수 있다. 하이네켄, 코로나, 기네스 같은 이름만 맥주뿐 아니라 수제 맥주도 마실 수 있다. 휴양지 기분을 듬뿍 느끼고 싶다면 하라케케로 가자. 아쉽게도 반려동물은 함께 할 수 없다.

ONE MORE 주변 명소와 맛집

외돌개 서귀포시 서홍동 791

삼매봉 서귀포시 서홍동 820-2

황우지해안 서귀포시 서홍동 766-1

뽈살집 본점 돼지고기 특수부위, 열무사과냉면
서귀포시 중정로91번길 37 064-763-6860 16:00~01:00(설, 추석 휴무)

네거리식당 갈칫국, 갈치구이, 갈치조림
서귀포시 서문로29번길 20 064-762-5513 07:00~21:40(주문 마감 20:40)

에스데판야끼 철판요리 오마카세
서귀포시 호근서호로62번길 40 010-9952-7892
1부 11:00~12:30, 13:00~14:30. 2부 17:00~18:30, 19:00~20:30(브레이크타임 14:30~17:00, 일요일 휴무)

UDA

Cafe & Bakery

서귀포시 속골로 13-7 070-7757-0000 10:00~20:30(주문 마감 19:30)
UDA브런치, UDA라떼 ₩ 1인 20,000~30,000원(브런치와 라테) 전용 주차장

완벽한 뷰와 여유로움 그리고 브런치

법환포구와 외돌개 사이, 서귀포여자고등학교 근처에 속골이라는 유원지가 있다. 하늘 높이 자란 야자수가 이국적인 곳으로, 제주올레길 7코스를 걸어본 사람들은 아마 알 것이다. 용천수가 솟아 흐르는 이곳은 서귀포 시민의 여름철 물놀이 명소이다. 여름철이면 닭백숙을 먹는 사람들로 붐빈다. 닭백숙이 유명한 곳인 속골에 요즘엔 멋진 카페가 들어서고 있다. 대표적인 곳이 최근 인기를 끌고 있는 UDA이다. 서귀포 앞바다의 범섬이 한눈에 내려다보이는 멋진 오션 뷰 카페이다. 바로 앞이 범섬이라 고소하고 은은한 커피 향이 바람을 타고 범섬까지 날아갈 것 같다. 푸른 잔디밭은 맑은 햇살을 만끽하기 좋고, 루프톱에 오르면 한라산과 푸른 바다를 한꺼번에 즐길 수 있다. 아름다운 풍경과 여행지에서의 여유를 더불어 즐기기 제격인 완벽한 뷰 맛집이다. 인테리어는 모던하고 여기에 더해 카페 안에 갤러리까지 품었다. 커피와 음료는 물론 브런치까지 맛있기로 소문이 났다. 사계절 냇물이 흐르는 속골로 들어가는 길목에 있다.

ONE MORE **주변 명소와 맛집**

외돌개 서귀포시 서홍동 791

속골유원지 서귀포시 호근동 1645

쌍둥이횟집 본점 생선회, 전복회, 생선매운탕, 회밥정식
서귀포시 중정로62번길 14 064-762-0478 매일 11:00~22:30

화정식당 갈칫국, 갈치구이, 갈치조림
서귀포시 중앙로47번길 24 064-762-1001 매일 07:30~21:30

60빈스

Cafe & Bakery

◎ 서귀포시 태평로120번길 29-2 ☏ 064-749-1154 ⏱ 08:30~19:00
Ⓜ 트로피칼에이드, 우도땅콩엄블랑, 제주말차팥라테, 디저트 ₩ 1인 8,000원
🚗 건물 옆과 뒤편 주차장 ⓘ @cafe_60beans

아름다운 정원과 바다 전망 뷰 맛집

따스한 햇볕이 내리고, 바다와 섬이 시야에 들어오며, 잘 가꾸어진 나무와 조각이 있는 정원이 있다면 얼마나 행복할까? 지붕이 넓은 파라솔 아래에서 잔잔한 음악을 즐길 수 있으며, 커피의 은은한 향을 음미하며 여유를 즐길 수 있다면 삶이 얼마나 아름다워 보일까? 꿈같은 이런 상상이 서귀포에선 현실이 된다. 서귀포 도심에서 불과 5분 정도 거리에, 주상절리 해안 절벽과 문섬이 오롯이 보이는 곳에 그림 같은 정원 카페가 있다. 빈스60. 마치 아무도 모르게 꼭꼭 숨은 카페지만, 사람들은 용케도 알고 찾아낸다. 제주올레길 7코스를 걷다가 발견하고는 반갑게 들어오는 사람도 있고, 제주도 여행의 쉼표를 이곳에서 찍고 싶어 오는 사람도 많다. 빈스60에선 트로피칼 에이드 한잔 마셔보자. 톡 쏘는 상큼함과 신선한 청량감이 여독을 풀어준다. 크루아상과 카페라테를 곁들여도 좋겠다. 잘 가꾸어진 정원을 걸어도 좋고, 내친김에 올레 7코스를 조금 걷는다면 더 특별할 것이다. 야외 벤치 사이로 바다가 인사를 하는 60빈스, 모르는 사람은 있어도 한 번만 오는 사람은 없는 곳이다.

ONE MORE **주변 명소와 맛집**

📷 **외돌개** ◎ 서귀포시 서홍동 791

📷 **황우지해안** ◎ 서귀포시 서홍동 766-1

🍴 **아리** 초밥, 텐동, 소바
◎ 서귀포시 홍중로 99 ☏ 064-739-3183 ⏱ 11:20~22:00(브레이크타임 15:00~17:30, 일요일 휴무)

🍴 **네거리식당** 갈칫국, 갈치구이, 갈치조림
◎ 서귀포시 서문로29번길 20 ☏ 064-762-5513 ⏱ 07:00~21:40(주문 마감 20:40)

블라썸 꽃이피다

Cafe & Bakery

서귀포시 남성로 136 064-732-4045 11:00~18:00(주문 마감 17:50, 화요일 휴무)
수제버거, 에그베네딕트, 한라산라테, 황우지라테 ₩ 1인 10,000 안팎(브런치 2만원)
건물 앞 주차장 @jeju_cafeblossom

한라산 뷰, 그리고 브런치!

블라썸 꽃이피다는 제주도에서 가장 아름다운 한라산 뷰를 즐길 수 있는 카페이다. 제주도는 동서가 긴 타원형의 섬이다. 따라서 동쪽이나 서쪽에서는 한라산이 아득히 멀리 보인다. 제주도 북쪽, 그러니까 제주시에선 태양이 정면으로 비쳐 선명한 한라산을 볼 수 있는 날이 많지 않다. 한라산을 제대로 보기에는 정남쪽, 즉 서귀포시 중심가에서 보아야 한다. 블라썸 꽃이피다는 한라산 정남쪽, 정확하게는 천지연폭포와 새연교 사이 남성마을에 있다. 서귀포 시민과 새 소식에 민감한 여행자 사이에선 이미 꽤 알려진 브런치 카페이다. 브런치도 브런치지만, 블라썸 꽃이피다에 가면 꼭 루프톱에 올라가 보자. 루프톱에 오르면 서쪽 끝에서 동쪽 끝까지 한라산 전체를 조망할 수 있다. 한라산 생김새가 설문대할망이 하늘을 보며 누워있는 모습과 같다는 말이 실감이 날 것이다. 실내는 독특하게 계단식 좌석이다. 주변의 간섭을 최소화해 편하게 커피와 음식을 즐길 수 있다. 특히 파스타와 수제버거는 맛과 품질을 레스토랑 레벨로 끌어올렸다. 반려동물을 동반할 수 있다.

ONE MORE **주변 명소와 맛집**

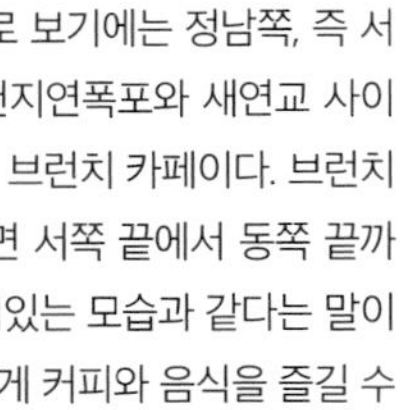

천지연폭포 서귀포시 천지동 667-7

새연교 서귀포시 서홍동 707-4

뽈살집 본점 돼지고기 특수부위, 열무사과냉면
서귀포시 중정로91번길 37 064-763-6860 16:00~01:00(설, 추석 휴무)

삼보식당 전복뚝배기, 옥돔무국, 성게미역국, 고등어조림
서귀포시 중정로 25 064-762-3620 08:00~16:00(주문 마감 15:15, 2·4주 수요일 휴무)

허니문하우스

Cafe & Bakery

서귀포시 칠십리로 228-13 070-4277-9922 09:30~18:30(주문 마감 18:00)
아메리카노, 바닐라라테, 디저트, 피자 ₩ 1인 10,000원
전용 주차장 @honeymoonhouse_official

대통령별장이 지중해풍 카페로

파란 하늘과 흰 구름, 야자수 나무 사이로 보이는 바다, 그리고 새하얀 건물들. 마치 남유럽의 지중해에 와 있는 기분이 든다. 풍경이 얼마나 아름다운지 그 옛날 이승만 대통령이 한눈에 반해 이곳에 별장을 지어놓았다. 이 별장이 4.19혁명 이후에 민간으로 소유권이 넘어가면서 호텔이 되었다. 1980~1990년대 신혼 여행객들에게 인생 사진 명소로 인기를 누린 파라다이스호텔이었다. 그 후 주인이 여러 번 바뀌었다가 2018년 리모델링을 거쳐 카페로 변신했다. 세계적으로 인기를 끈 드라마 <수리남>의 몇 장면을 이곳에서 촬영했다. 허니문하우스는 섶섬과 범섬이 시야에 들어오는 해안 절벽에 있다. 절벽 끝에서 넓은 바다가 펼쳐지고, 동양에서 유일하게 바다로 바로 떨어지는 정방폭포가 가까운 거리에 있다. 한국건축업계의 거장 김중업 선생이 설계한 소라의 성 건물도 주변에 있다. 심지어 제주 올레 6코스까지 이곳을 지난다. 위치가 그야말로 금상첨화이다. 카페는 칼호텔에서 운영한다. 커피, 음료, 디저트도 풍경만큼이나 수준급이다.

ONE MORE 주변 명소와 맛집

이중섭미술관 서귀포시 이중섭로 27-3

정방폭포 서귀포시 칠십리로214번길 37

오는정김밥 오는정김밥, 참치김밥, 떡갈비김밥, 치즈김밥
서귀포시 동문동로 2 064-762-8927 10:00~20:00(브레이크타임 13:30~14:30, 일요일 휴무)

쌍둥이횟집 본점 생선회, 전복회, 생선매운탕, 회밥정식
서귀포시 중정로62번길 14 064-762-0478 매일 11:00~22:30

보래드베이커스

Cafe & Bakery

서귀포시 보목로64번길 178 호텔서귀피안 1층 0507-1314-1450 08:00~22:00(주문 마감 21:30)
플레인 크루아상, 카야잼 스콘, 보라멜라테 ₩ 1인 10,000~15,000원 건물 뒤편 주차장 @boraed_bakers

오션 뷰 호텔의 베이커리 카페

대체로 제주여행에는 두 가지 옵션이 있다. 바다 뷰인가? 한라산 뷰인가? 숙박은 물론 카페, 식당을 선택할 때 고려하는 중요 요소이다. 이 두 가지 요소를 두루 갖춘 카페가 서귀포에 있다. 보래드베이커스이다. 이곳은 맛으로 승부하는 곳이다. 서귀포시 동쪽 동네 보목동, 섶섬과 서귀포항 사이에 있는 호텔서귀피안 1층에 있다. 호텔서귀피안은 섶섬이 보이는 오션 뷰 호텔로 풍경이 멋지고, 조식이 맛있기로 소문난 곳이다. 여행자들 사이에 조식만큼이나 보래드베이커스의 빵과 디저트 맛이 입소문을 타고 퍼져서 이제는 서귀포에서 손꼽히는 명소가 되었다. 커피나 음료, 맥주까지 즐길 수 있고, 이보다 더 다양한 빵과 디저트를 판매한다. 스콘, 에그타르트, 크루아상, 케이크는 물론이고 피자까지 즐길 수 있다. 호텔 숙박 손님은 10% 할인받을 수 있다. 보목동 앞바다는 낮에도 아름답지만, 무엇보다 황홀한 노을로 유명한 곳이다. 석양 풍경이 퍽 서정적이고 낭만적이다. 밖으로 나가 조용한 해안가를 걸어도 좋을 것이다.

ONE MORE **주변 명소와 맛집**

왈종미술관 서귀포시 칠십리로214번길 30

정방폭포 서귀포시 칠십리로214번길 37

오는정김밥 오는정김밥, 참치김밥, 떡갈비김밥, 치즈김밥
서귀포시 동문동로 2 064-762-8927 10:00~20:00(브레이크타임 13:30~14:30, 일요일 휴무)

어진이네횟집 전복물회, 자리물회
서귀포시 보목포로 93 064-732-7442 매일 10:00~20:00

게우지코지

Cafe & Bakery

서귀포시 보목포로 177 0507-1368-5555 09:00~19:30(첫째·셋째 화요일 휴무)
카페라테, 한라봉에이드, 디저트 ₩ 1인 10,000원 전용 주차장

드라마에 나온 오션 뷰 카페

보목포구와 쇠소깍 사이에 있는 베이커리 카페다. 서귀포 시내, 또는 물회 맛집이 많은 보목포구 쪽에서 쇠소깍 방향으로, 제지기오름을 지나 보목포로를 조금 더 달리면 카페가 나온다. 올레 6코스가 지나는 보목포로 옆으로 문득, 서울에서 옮겨놓은 듯한 세련되고 현대적인 건물이 눈에 들어온다. 먼저 보이는 건물은 펜션이고, 그 옆 건물이 카페이다. 게우지코지. 카페 이름이 독특하다. '게우지코지'는 툭 튀어나온 암석 지형이 전복 내장(게웃)을 닮았다 해서 얻은 제주말 지명이다. 카페로 가기 전에 커피 향과 빵 굽는 냄새가 먼저 나중을 나온다. 드라마 <이태원 클라쓰>와 <고등래퍼>를 촬영해 인기를 끌었다. 카페 앞은, 푸른 바다다. 1층도 오션 뷰이지만, 더 좋은 조망으로 바다를 감상하고 싶다면 2층으로 가자. 2층으로 오르면 창밖은 온통 에메랄드빛이다. 날씨가 좋으면 정원에 앉아 시원한 바람과 햇살을 즐겨도 좋다. 카페 앞에 게우지코지 전망대와 바닷가로 내려갈 수 있는 계단이 있다.

ONE MORE **주변 명소와 맛집**

제지기오름 서귀포시 보목동 275-1

쇠소깍 서귀포시 쇠소깍로 104

어진이네횟집 전복물회, 자리물회
서귀포시 보목포로 93 064-732-7442 매일 10:00~20:00

보목해녀의집 한치물회, 자리물회, 자리구이
서귀포시 보목포로 48 보목어촌체험안내센터 064-732-3959 매일 10:00~20:00

테라로사 서귀포점

Cafe & Bakery

서귀포시 칠십리로658번길 27-16 064-738-4478 09:00~21:00(주문 마감 20:30)
드립커피와 베이커리 ₩1인 10,000원 전용 주차장 @terarosacoffee

귤밭 옆 카페에서 프리미엄 커피 즐기기

테라로사를 뭐라 평가하면 좋을까? 한국의 블루보틀이라고 하면 적당한 표현일까? 테라로사는 카페와 커피의 기준을 한 단계 높인 일등공신이다. 단순히 카페를 운영하는 것에 머물지 않고 우리나라의 커피 문화를 이끌고 있다는 점에서 높은 점수를 주어야 하지 않을까? 테라로사의 드립 커피는 이미 맛 검증이 끝난 보증수표나 다름없다. 서울이 아니라 변방이나 다름없는 강릉에서 시작됐다는 것도 놀랍다. 주류를 변화시키는 건 역시 중심이 아니라 변방인가 보다.

테라로사 서귀포점은 효돈천의 끝자락에 있다. 서귀포점의 가장 큰 매력은 자연이다. 서귀포점은 자연으로 들어가 있다. 효돈천은 유네스코가 인정한 생물권보전지역이다. 게다가 카페 주변은 온통 귤밭이다. 귤 농원 옆에도 테이블이 놓여 있다. 귤꽃 향기 가득한 봄철에, 감귤이 노랗게 익어가는 가을에, 귤밭에서 커피를 마시고 있으면 퍽 낭만적이다. 테라로사의 시그니처 아웃테리어인 고풍스러운 벽돌 건물도 커피 이미지와 퍽 잘 어울린다. 감귤나무 사이로 비치는 햇살을 맞으며 커피와 베이커리를 즐겨보시라. 바디감 좋은 커피와 제주 감성이 폴폴 흐르는 카페 안팎의 분위기, 여기에 여행지에서 느끼는 특유의 달뜬 기분까지 더해져 설렘 가득한 특별한 시간을 보낼 수 있을 것이다. 매장에서 원두를 구매할 수 있다.

ONE MORE **주변 명소와 맛집**

제지기오름 서귀포시 보목동 275-1

쇠소깍 서귀포시 쇠소깍로 104

어진이네횟집 전복물회, 자리물회
서귀포시 보목포로 93 064-732-7442 매일 10:00~20:00

보목해녀의집 한치물회, 자리물회, 자리구이
서귀포시 보목포로 48 보목어촌체험안내센터 064-732-3959 매일 10:00~20:00

베케

Cafe & Bakery

◎ 서귀포시 효돈로 54 ☏ 064-732-3828 ⓒ 10:00~18:00(화요일 휴무)
Ⓜ 흑임자라테, 돌담슈페너, 오미자에이드, 사과 주스 ₩ 1인 10,000원 🚗 전용 주차장

식물원 같은 정원 카페

귤밭이 많고 귤 맛도 최고로 치는 서귀포시 효돈동에 있는 가드닝 카페이다. 멋진 조경 덕에 입구부터 카메라를 들게 만든다. 카페 주변으로 정원 식물과 핑크뮬리가 어우러져 있어서 마치 식물원에 온 듯한 느낌이 든다. 방송인 김나영의 소개로 더 유명해졌다. 바깥 풍경을 감상하기 좋게 테이블을 창가에 바 형식으로 만들었다. 정원수, 양치식물, 이끼 식물이 가득해 넓은 창문으로 바라보는 바깥 풍경이 더없이 싱그럽고 매력적이다. 도로에서 가까운데도 마치 숲속에 있는 카페 같다. 차를 마시며 창밖을 바라보기만 해도 힐링이 되는 기분이 든다. 오후엔 스프링클러가 돌아가는데 물안개가 피어올라 신비롭기까지 하다. 포토존이 많아 인생 사진 찍기 좋다. 흑임자라테, 돌담슈페너를 비롯한 다양한 커피와 풋귤에이드, 오미자에이드, 사과 주스 따위를 마실 수 있다. 카페 뒤편엔 온실이 있는데 제주의 토착 식물을 키워 판매하고 있다. 한두 시간 싱그러운 창밖을 보며 힐링을 하고 싶다면 베케로 가도 좋겠다

ONE MORE 주변 명소와 맛집

서귀포감귤박물관 ◎ 서귀포시 효돈순환로 441

쇠소깍 ◎ 서귀포시 쇠소깍로 104

상록식당 양념삼겹살, 목살, 생오겹살
◎ 서귀포시 토평로 24 ☏ 064-762-4974 ⓒ 11:00~22:00 (화요일 휴무)

어진이네횟집 전복물회, 자리물회
◎ 서귀포시 보목포로 93 ☏ 064-732-7442 ⓒ 매일 10:00~20:00

서귀다원

Cafe & Bakery

서귀포시 516로 717 064-733-0632 09:00~17:00(화요일 휴무)
녹차, 홍차, 황차 ₩ 1인 5,000원 전용 주차장

차밭이 있는 풍경

해발 250m, 서귀포 중산간 한라산 자락 아래에 있는 다원이다. 제주도 차밭 하면 오설록을 먼저 떠올리지만, 제주도엔 오설록 말고도 곳곳에 매력적인 차밭이 있다. 서귀다원도 그 가운데 하나이다. 개인이 운영하는 매력적인 차밭이다. 1131번 도로에서 작은 이정표를 따라 서쪽으로 조금만 들어가면 주차장이 나온다. 차밭은 키가 큰 삼나무가 자라는 길을 중심으로 양쪽으로 넓게 펼쳐져 있다. 차밭과 낮은 돌담이 어우러져 제주도 특유의 이국적인 풍경을 연출한다. 서귀다원의 중심은 카페가 아니라 차밭이다. 입장료 5천 원을 내면 차밭도 구경할 수 있고, 카페에서 차도 마실 수 있다. 카페로 들어서면 붉은 차와 푸른 차, 이렇게 두 가지 차를 내어준다. 창밖은 싱그럽고 이국적인 차밭이다. 테이블을 창밖을 향해 세팅해 놓아 차를 마시며 차밭 풍경을 시원하게 감상할 수 있다. 싱그런 차밭을 보고 있으면 어느새 마음도 저절로 청량해진다. 뒤편으로 보이는 한라산 풍경도 멋지다. 카페에서 녹차와 홍차, 황차를 구매할 수 있다.

ONE MORE **주변 명소**

상효원수목원 서귀포시 산록남로 2847-37
효명사 천국의 문 서귀포시 남원읍 516로 815-41
고살리숲길 서귀포시 남원읍 하례리 산54-2

찾아보기